中国海油集团能源经济研究院·蓝海丛书

碳中和与氢能社会

王震 张岑 编著

中国石化出版社
HTTP://WWW.SINOPEC-PRESS.COM

中国经济出版社
CHINA ECONOMIC PUBLISHING HOUSE

内 容 摘 要

本书聚焦碳中和与氢能两个领域，系统阐述了化石能源的使用、温室气体排放与全球气候变化的联系，介绍了碳中和目标的来龙去脉，并梳理了氢能在实现碳中和目标的过程中所发挥的关键作用，由此剖析了氢能的整体发展情况，包括各国氢能战略、产业现状、技术情况和发展趋势等。

本书适合能源转型、气候变化、氢能等相关行业的读者阅读，对于公共政策、实体经济、金融投资等领域的读者也有较高的参考价值。

图书在版编目（CIP）数据

碳中和与氢能社会 / 王震，张岑编著 . —北京：
中国石化出版社，2022.10
ISBN 978-7-5114-6858-1

Ⅰ.①碳… Ⅱ.①王… ②张… Ⅲ.①二氧化碳—节
能减排—研究—中国 ②氢能—能源发展—产业发展—研究
—中国 Ⅳ.① X511 ② F426.2

中国版本图书馆 CIP 数据核字（2022）第 176811 号

中国石化出版社出版发行
地址：北京市东城区安定门外大街 58 号
邮编：100011 电话：（010）57512500
发行部电话：（010）57512575
http://www.sinopec-press.com
E-mail：press@sinopec.com
北京艾普海德印刷有限公司印刷
全国各地新华书店经销
*
710×1000毫米 16 开本 14.5 印张 263 千字
2023 年 5 月第 1 版 2023 年 5 月第 1 次印刷
定价：108.00 元

　　当今，世界能源需求不断增长，化石能源消费引起的环境污染问题日益严峻，各国纷纷提出碳中和目标，正在掀起一场广泛而深刻的经济社会系统性变革。其中，大力推动能源绿色低碳转型、高比例发展可再生能源已成为全球共识。美国出台《通胀削减法案》，计划拨款 3690 亿美元用于能源安全和气候投资，积极推动清洁能源发展，并为相关项目和技术提供税收抵免等优惠；欧盟达成政治协议，到 2030 年可再生能源占最终能源消费的比重将提高至 42.5%；我国也提出到 2030 年非化石能源占能源消费总量的比重将提高至 25% 左右的目标。为了高质量实现"碳达峰、碳中和"目标，我国需要在今后 40 年内打破以化石能源为主体的既有能源消费模式，转向以可再生能源为主导的能源消费体系。"十三五"时期，非化石能源占能源消费总量比重从 12% 提高到 15.9%，发展势头良好。但值得注意的是，近年来地缘政治冲突、去全球化、极端天气等不确定因素日益增多，能源转型过程中也面临着能源领域关键矿产资源供需错配、电力系统调节能力不足等诸多问题，如何发挥能源安全与社会公平的协同效应是一个系统性的问题。因此，推动能源绿色低碳发展需要统筹考虑"能源安全性、出力稳定性、经济可承受性"三要素，平衡好可再生能源和化石能源的配置比例和发展节奏，找寻更科学稳妥的发展路径，构建清洁低碳、安全高效、多元互补的现代能源体系。

　　氢能零碳、零污染、来源广泛，被誉为 21 世纪最具发展前景的二次能源，是实现能源绿色低碳转型和碳中和目标最具潜力和成效的路径之一。全球主要发达国家高度重视氢能产业发展，氢能已成为加快能源转型升级、培育经济新增长点的重要战略选择。当前，全球氢能全产业链关键核心技术趋于成熟，燃料电池出货量快速增长、成本持续下降，氢能基础设施建设明显提速，区域性氢能供应网络正在形成。我国氢能产业呈现积极发展态势，已初步掌握氢能制备、储运、加氢、燃料电池和系统集成等主要技术和生产工艺，在部分区域实现燃料电池汽车小规模示范应用。随着工业、交通、建筑等行业深度脱碳进程加快，以及建立新型电力系统对跨区域、跨季节储能需求的增长，未来氢能的应用前景将十分广阔，将成为我国能源体系的重要组成部分。当前，社会各界已逐渐认识到发展氢能的重要意义，氢能发展热度正在升温，社会公众希望全面了解氢能相关知识的需求也在逐渐增长。

《碳中和与氢能社会》一书，用浅显易懂的语言介绍了化石能源的使用、温室气体排放与全球气候变化之间的联系，以及各国实现碳中和目标的历史背景和重要意义。同时，此书对氢能在实现碳中和目标的关键作用进行了较为详细的阐述，多角度分析了各国氢能战略、产业现状、技术趋势和发展模式等情况，为在碳中和目标下构建氢能社会描绘了一个翔实而生动的愿景。此书有助于碳中和与氢能行业从业者、专业研究人员、政策制定者加强对碳中和目标和氢能领域的认识，进一步了解能源转型的背景和未来发展趋势，是一本不可或缺的参考书。

中国工程院院士
全国政协常委　张来斌

2023 年 4 月 9 日

　　近几年，"碳中和""氢能"频频出现在国际会议、新闻报道以及日常交谈之中，这两个与能源相关的词汇为何能够获得大众的广泛关注？我们的社会正在发生怎样的变化？能源又在经历何种变革？这是作者在构思本书之初一直思考的问题。

　　能源是推动人类社会不断向前发展的重要物质和能量基础。纵观人类社会演进史，每一次文明的跃迁都离不开能源的变革。这种变革既包括能源品种的革新，也包括能源技术的革命，两者缺一不可。

　　火焰的使用使人类开始认识能源的重要价值，人类社会发展由此按下了"快进键"。考古学家在肯尼亚的奥尔德沃文化遗址（距今约 260 万年）中曾发现了土壤被火焰烧灼过的痕迹，这是迄今为止人类最早利用火焰的直接证据。同样，在我国的周口店遗址中，灰烬、烧骨和炭屑等"北京人"用火的遗迹也接连被发掘。这些证据表明，旧石器时代早期的古人类就已开始认识并学会利用火焰改善生活。彼时的古人类通过实践摸索，发现了木柴、树枝、枯草、树叶等自然物质可以延续火焰的奥秘，并进一步发明了钻木取火和摩擦生热的技术，从此告别了"靠天取火"的时代。除了生火取热之外，人类逐渐认识了其他形式的能源，例如风能、太阳能和水能等，能源开发利用形式开始走向多元化。这一改变极大地促进了劳动生产力的提升，原始社会的形态开始发生重大变化，人类由此进入了农耕文明。

由农耕文明向工业文明的演进，得益于化石能源的大规模发掘和能源技术的飞跃。我国是最早记载煤炭和石油的国家。战国时期《山海经》中的"石涅"和东汉时期《汉书·地理志》记载的"高奴，有洧水，可蘸"，分别指的就是煤炭和石油。尽管这些化石能源在数千年前就已经被人类发现，但能源技术水平的滞后使得它们无法"物尽其用"，难以成为推动社会文明跃迁的力量。18 世纪末，英国发明家詹姆斯·瓦特（James Watt）对前人发明的蒸汽机进行了改良，使机器的热效率提升至原来的 5 倍。从此，"煤炭 + 蒸汽机"这对能源与技术的组合，被广泛应用在纺织、采矿、冶金、造纸和交通等行业，社会生产力得到大幅提升，第一次工业革命从此兴起，工业时代已然来到。

在随后的两百多年中，石油、天然气等化石能源被相继开采和利用，人类用能形式也发生了重大变化。包括迈克尔·法拉第（Michael Faraday）、托马斯·爱迪生（Thomas Edison）在内的多名科学家、发明家将电力从实验室带入了寻常百姓家。这一历史性的突破使能源的生产、运输和利用方式发生了颠覆性变革，推动了化石能源的大规模采掘和消费。化石能源成为人类社会用能结构的绝对主力。这一变革，将人类社会推向了全面电气化的时代，同时也促进了信息化时代的到来。

尽管化石能源给人类社会的发展带来了巨大的便利，但无节制的开发利用却对人类赖以生存的环境造成了严重的损害。化石能源在燃烧中会产生大量的二氧化碳、硫氧化物、氮氧化物、碳颗粒物等物质。其中，二氧化碳作为最主要的温室气体，其累计排放量已经突破了地球碳循环能够自我调节的极限，打破了生态平衡，导致地球表面温度持续升高。根据联合国政府间气候变化专门委员会的观测数据，地球表面平均温度已在 19 世纪中叶的基础上升高了约 1.07℃。

因化石能源碳排放所造成的气候变化是显而易见的。覆盖在格陵兰岛和南极的永久冰盖正分别以每年 276Gt 和 152Gt 的速度融化，这导致全球海平面加速上升。1900 年至今，全球海平面已经累计上升超过 200mm，而最近 30 年的上升幅度竟超过100mm！像威尼斯这样的滨海城市已面临严重的生存危机。根据哈佛大学的一项研究表明，威尼斯每年遭受的洪灾频率已从 1900 年的约 10 次 / 年上升至 100 次 / 年。如果海平面持续上升，在未来的一个世纪内，这座历史文化名城或将不复存在。除此之外，气候变化也是造成极寒天气、短时强降雨等极端气候事件频发的主因之一。特别是在 2021 年，因气候变化造成的北极冷空气外溢，导致美国得克萨斯州遭受了罕见的寒潮袭击，约 270 万户居民断电，数十人死于暴风雪天气。同年 7 月，郑州遭受了"千年一遇"特大暴雨的袭击，17 日至 20 日 3 天内的累计降水量达到了史无前例的 617.1mm，相当于该市常年平均全年降水量，造成直接经济损失超过 600 亿元……

面对日益严峻的气候变化形势，控制化石能源消费、实施碳减排行动已成为国际共识。世界各国纷纷签署《联合国气候变化框架公约》《京都议定书》《巴黎协定》等国际条约，为碳减排设定目标，并希望在 21 世纪内将地球表面平均温度的升幅控制在 2℃以内，并努力达成 1.5℃的温控目标。为此，设定"碳中和"时间表成为各国应对气候变化的总目标。2020 年 9 月，国家主席习近平在第 75 届联合国大会一般性辩论上首次提出，我国将提高国家自主贡献力度，二氧化碳排放力争于 2030 年前达到峰值，努力争取 2060 年前实现碳中和。根据世界资源研究所（World Resources Institute，WRI）和《气候观察》（Climate Watch）的统计数据，截至 2022 年底，全球已有 170 个国家提交了更新版的减排战略，占全球温室气体排放量的 91.1%；已有 89 个国家及地区通过立法、政策文件或者政策宣示的形式提出温室气体"净零"排放目标，排放量约占全球的 78.7%。

实现"碳中和"是一项长期而艰巨的工程，其中最关键的任务之一是推动能源绿色低碳转型，构建清洁、安全、高效的新型能源体系。而如何实现这一目标，正是本书将要重点探讨的问题。

首先是要对能源供应端进行碳排放管控和结构调整。针对化石能源，我们可利用节能与能效提升以及负碳技术，分别开展源头管控和末端治理，整体降低化石能源的碳排放量和碳排放强度。另外，还需要依靠零碳能源逐步实现对化石能源的替代。可喜的是，我们在这方面已经看到了曙光。近十年来，风电、光伏等可再生能源的发电成本正在加速下降，已接近甚至低于传统燃煤发电和天然气发电的成本，这使得可再生能源具备了替代传统化石能源的基础，并有望成为未来能源结构中的主力。

其次是对终端用能推行电气化改造并普及零碳能源。交通领域是电气化改造的重点方向之一，这离不开新能源汽车技术的广泛应用。我国作为全球最大的新能源汽车消费市场，新能源汽车销量渗透率屡创新高。根据工业和信息化部的数据，截至 2022 年底，我国新能源汽车保有量已达 1310 万辆；其中，乘用车市场新能源渗透率已达 27.6%，这意味着，每销售 1000 辆乘用车，就有 276 辆是新能源汽车。另外，工业、建筑领域的电气化升级也正在稳步进行。然而，这还远远不够。电气化只能解决一部分终端用能的问题，却无法替代化石能源作为化工原料的特殊角色。比如，传统炼钢工艺中需要消耗大量焦炭还原剂以将铁矿石中的铁还原出来；我们日常使用的化工产品如橡胶、化纤、塑料等均需要以石油、天然气为原料进行生产。

那么，有没有一种零碳能源，它既能承担化石能源的物质原料角色，又能承担能量载体的角色呢？我们的答案是肯定的——那就是氢能！

围绕氢能培育"氢经济"的想法可以追溯至 20 世纪 70 年代的第一次石油危机。日本、美国及欧洲等发达国家和地区为了减少对化石能源的依赖，寄希望于开发一种新型能源以增强能源的自主保障能力。于是它们将目光投向了氢能。可惜，事与愿违，彼时的氢气主要通过煤气化制氢和天然气重整制氢获取，高度依赖化石能源。电解水制氢技术虽已存在，但其高昂的成本让人望而却步。氢能的开发热潮如昙花一现，并未取得实质性进展。

几十年后的今天，随着"碳中和"目标的提出，碳排放成了衡量能源价值的新维度，人们开始重视能源的清洁性，全球对零碳能源的需求呈现爆发式增长。风电、光伏等可再生能源技术突飞猛进，发电成本逐年递减，利用可再生能源电力进行电解水制氢正在成为获取氢能的新途径，这使得氢能有望在不远的将来彻底摆脱对化石能源的依赖。在多重因素的驱动下，氢能的热潮再次袭来。截至目前，日本、韩国已相继提出构建"氢能社会"的战略目标，欧盟和美国针对氢能产业也发布了国家层面的规划文件，我国于 2022 年正式发布《氢能产业发展中长期规划（2021—2035 年）》，明确氢能在未来国家能源体系中的重要战略地位。

本书围绕"什么是碳中和？""为什么要建设氢能社会？"两个问题展开，主要分为两大部分。第一部分包含三个章节，将分别阐述气候变化与"碳中和"的关系、实现"碳中和"的路径以及"碳中和"技术。第二部分包含四个章节，将分别从"碳中和"愿景下氢能的角色、氢能的生产与供应、海洋氢能以及氢能社会等方面介绍氢能的发展历程及未来趋势。

作者通过图文并茂的形式为读者阐述能源发展规律、技术创新历程和文明演进趋势，并以氢能的独特视角来审视这场以"碳中和"为名的社会变革。希望读者能够通过阅读本书获得一些启发和思考。

CONTENTS ——————————————————————— 目录

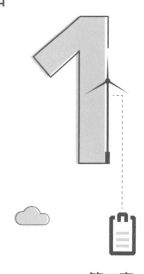

第二章
碳中和之路

第三章
碳中和技术

第四章
走向碳中和之路的氢能角色

第五章
氢能的生产与供应

第六章
海洋氢能

第七章
氢能社会

结语

参考文献

缩略词索引及单位

英文缩写

AFC Alkaline Fuel Cell 碱性燃料电池

ALKEC Alkaline Electrolysis Cell 碱性电解槽

AMFC Alkaline Membrane Fuel Cell 碱性膜燃料电池

ATR Autothermal Reforming 自热重整

BNEF Bloomberg New Energy Finance 彭博社新能源财经

BP British Petroleum 英国石油公司

CBAM Carbon Border Adjustment Mechanism 碳边境调节机制

CCUS Carbon Capture, Utilisation and Storage 碳捕集利用及封存技术

CDM Catalytic Decomposition of Methane 甲烷催化裂解

CF_4 全氟化碳

CH_4 甲烷

CO_2 二氧化碳

COP26 《联合国气候变化框架公约》第 26 次缔约方大会

CSP Concentrated Solar Power 聚光太阳能发电

DAC Direct Air Capture 二氧化碳直接空气捕集

DRI Direct Reduced Iron 直接还原铁

EGR Enhanced Gas Recovery 二氧化碳驱气技术
　　　Exhaust Gas Recirculation 废气再循环系统

EIA Energy Information Administration 美国能源信息署

EOR Enhanced Oil Recovery 二氧化碳驱油技术

Equinor 挪威能源（原挪威国家石油公司）

ESA Electro-swing Adsorption 电子变压吸附

EU-ETS European Union Emissions Trading System 欧盟碳排放交易体系

GDI Gas Direct Injection 缸内直喷

GDP Gross Domestic Product 国内生产总值

GE General Electric 美国通用电气公司

GWP　Global Warming Potential　全球升温潜势

H₂O　水

HFCs　氢氟碳化物

ICCT　International Council of Clean Transportation　国际清洁交通委员会

IEA　International Energy Agency　国际能源署

IGCC　Integrated Gasification Combined Cycle　整体煤气化联合循环

IHA　International Hydropower Association　国际水电协会

IPCC　Intergovernmental Panel on Climate Change
　　　联合国政府间气候变化专门委员会

IRENA　International Renewable Energy Agency　国际可再生能源署

IRR　Internal Rate of Return　内部收益率

LCOE　Levelised Cost of Energy　平准化度电成本

LCOH　Levelised Cost of Hydrogen　平准化制氢成本

LDAR　Leak Detection and Repair　泄漏检测与维修

LED　Light Emitting Diode　发光二极管

LHV　Lower Heating Value　低位热值

LOHC　Liquid Organic Hydrogen Carrier　液态有机氢载体

LNG　Liquefied Natural Gas　液化天然气

MCFC　Molten-carbonate Fuel Cell　熔融碳酸盐燃料电池

MOFs　Metal Organic Frameworks　金属有机框架

N₂O　氧化亚氮

NASA　National Aeronautics and Space Administration　美国国家航空航天局

NDCs　Nationally Determined Contributions　国家自主贡献

NF₃　三氟化氮

NREL　National Renewable Energy Laboratory　美国可再生能源实验室

O₃　臭氧

OECD　Organization for Economic Co-operation and Development
　　　经济合作与发展组织

OTEC　Ocean Thermal Energy Conversion　海洋温差能

PAFC　Phosphoric Acid Fuel Cell　磷酸燃料电池

PEM　Proton Exchange Membrane　质子交换膜

PEMEC　Proton Exchange Membrane Electrolysis Cell 质子交换膜电解槽

PEMFC　Proton Exchange Membrane Fuel Cell 质子交换膜燃料电池

PFCs　Perfluorinated Compounds 全氟碳化物

PHEV　Plug-in Hybrid Electric Vehicle 插电混动汽车

Power-to-X　电力多元转化技术

POX　Partial Oxidation 部分氧化

PRO　Pressure Retarded Osmosis 压力延迟渗透

PSA　Pressure Swing Absorption 变压吸附

RED　Reverse Electrodialysis 反电渗析

RGGI　Regional Greenhouse Gas Initiative 美国区域温室气体减排行动

SAF　Sustainable Aviation Fuel 可持续航空燃料

SF_6　六氟化硫

Shell　荷兰皇家壳牌集团

SMR　Steam Methane Reforming 水蒸气甲烷重整

SOEC　Solid Oxide Electrolysis Cell 固态氧化物电解槽

SOFC　Solid Oxide Fuel Cell 固体氧化物燃料电池

UNFCCC　United Nations Framework Convention on Climate Change
　　　　　联合国气候变化框架公约

WEC　World Energy Council 世界能源理事会

WRI　World Resources Institute 世界资源研究所

单位解释

缩写	解释
a	每年
atm	101325Pa，即 1 个标准大气压
℃	摄氏度
g/cm^3	克每立方厘米
GW	吉瓦，$1GW=10^6kW$
Gt	十亿吨
GWh	吉瓦时 $1GWh=10^6\,kWh$
Gt/a	十亿吨每年
lm/W	流明／瓦
kW	千瓦
kWh	千瓦时
km	千米或公里
kV	千伏
km/h	千米每小时
kW/L	千瓦每升
kt/a	千吨每年
mm	毫米

缩写	解释
m/s	米每秒
MW	兆瓦
Mt	百万吨
MPa	兆帕
Mtoe	百万吨油当量
MJ/kg	兆焦每千克
Mt/a	百万吨每年
Nm^3	标准立方米
t	吨
tCO_2e	吨二氧化碳当量
toe	吨油当量，指 1 吨标准油所含热量
TWh	太瓦时 $1TWh = 10^9\,kWh$
vol.%	体积百分比
W/m^2	瓦每平方米
Wh/kg	瓦时每千克
wt.%	质量百分比

碳中和与氢能社会

第一章

气候变化与碳中和

当今世界正经历百年未有之大变局，世纪疫情席卷全球，地缘政治博弈愈演愈烈，逆全球化暗流涌动……诸多因素正在加剧人类社会的不安全感。2020年以来，全球经济因新冠疫情遭受到了前所未有的重创，跨国交通旅行陷入停滞，人与人的交流从线下被迫搬到了线上，社会生产生活秩序屡屡遭受脉冲式疫情的冲击。在世界局势动荡不安的时代背景下，"人类命运共同体"的理念被国际社会所接受，世界各国政府愈加重视"人与自然和谐共生"的价值意蕴。人类与大自然共生共存的数百万年以来，除了与瘟疫的持续抗争，还遭受着大自然的其他考验，比如洪水、干旱、飓风、寒潮等，极端天气的波及和影响范围不亚于任何一场疫情。进入工业时代，煤炭、石油、天然气等化石能源成为推动社会发展的重要动力，然而也不可避免地造成二氧化碳、硫氧化物、碳颗粒物等污染物的大量排放。人类赖以生存的自然环境已变得千疮百孔，气候变化正在加剧，严重的自然灾害频频发生，"生态危机"正演变为人类的"生存危机"。如何平衡人类社会发展与自然生态保护之间的矛盾，这是地球母亲对我们所有人的现实拷问。

1.1　温室气体与温室效应

每当提到气候变化，温室气体与温室效应往往是大家讨论的重点话题。首先，什么是温室气体？顾名思义，此类气体是形成温室环境的主要原因。当太阳光照射至地球时，其中约一半的辐射能量被地球表面吸收，而另一半则被地球表面和大气层反射回宇宙。地球自身热辐射和从地球表面反射回宇宙的太阳光大部分处于红外波段（即红外线），它们在经过大气层时会被温室气体吸收，从而阻止热量"逃逸"出大气层（见图1-1）。因此，温室气体更像是地球的一件外衣，在处于合适的浓度水平时，可以使地球的"体温"保持在相对适宜的区间，为万物生长提供舒适的环境。如果地球没有温室气体的保护，地球表面的平均温度将会降至 $-20\,^\circ\!\mathrm{C}$[1]，绝大部分地区将不再适合人类和动植物生存。所以，温室气体对于维持地球表面温度和生态环境的平稳发挥着至关重要的作用。在人类进入工业社会之前，自然界中的温室气体主要为水蒸气（H_2O）、二氧化碳（CO_2）、臭氧（O_3）、甲烷（CH_4）及氧

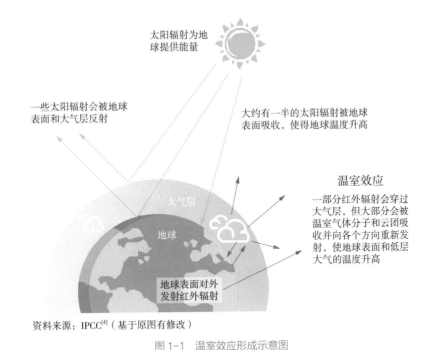

太阳辐射为地球提供能量

一些太阳辐射会被地球表面和大气层反射

大约有一半的太阳辐射被地球表面吸收，使得地球温度升高

大气层

地球

地球表面对外发射红外辐射

温室效应
一部分红外辐射会穿过大气层，但大部分会被温室气体分子和云团吸收并向各个方向重新发射，使地球表面和低层大气的温度升高

资料来源：IPCC[4]（基于原图有修改）

图1-1　温室效应形成示意图

化亚氮（N_2O）等气体。其中二氧化碳作为最主要的温室气体，主要来自人类和动植物的呼吸作用，以及火山喷发等地球自然运动。甲烷和氧化亚氮等气体则主要源自反刍类动物、农田耕作以及自然湿地。

随着工业化时代的到来，人类开始大量使用煤炭、石油、天然气等化石能源，导致二氧化碳、甲烷等温室气体的排放量显著增加，打破了自然界原有的平衡状态，超出了地球的自我调节能力。此外，化工技术的发展产生了大量人工合成的温室气体，其中气态氟化物是最具代表性的化学污染物之一，如氢氟碳化物（HFCs）、三氟化氮（NF_3）和六氟化硫（SF_6）等。此类气体在铝工业和半导体行业有着广泛用途，而大部分则用于替代消耗臭氧层物质（如制冷剂）。消耗臭氧层物质主要包括全氯氟烃、含氢溴氟烃、含氢氯氟烃等，曾广泛应用在制冷、灭火、泡沫隔热等领域。这些物质被释放至空气中时会上升至平流层，在紫外线的照射下分解出大量的氯原子（Cl）和溴原子（Br）。这些原子破坏臭氧层的威力巨大，其中，一个氯原子可以破坏超过10万个臭氧分子[2]。为了保护臭氧层，联合国环境规划署1987年在加拿大蒙特利尔召开会议并通过《蒙特利尔条约》，正式以法律形式要求签署国逐步停用消耗臭氧层物质。

为了衡量温室气体对全球升温的影响强弱，联合国政府间气候变化专门委员会（Intergovernmental Panel on Climate Change，IPCC）定义了全球升温潜势（Global Warming Potential，GWP）和在大气中存留时间两个指标[3]。前者是以二氧化碳在100年里所造成的温室效应作为基准（时间尺度也可以定义为20年或500年），约定其 GWP 为1。其他温室气体在同样时间尺度内的 GWP 值均通过对比二氧化碳计算得出，如甲烷 GWP 约为28，即在100年时间尺度内，1t 甲烷对地球变暖造成的影响相当于28t 二氧化碳的总和。总体来看，人造温室气体的 GWP 显著高于自然产生的温室气体。根据 IPCC 第6次评估报告第一工作组报告数据，人造 HFCs 的 GWP 普遍超过1000，NF_3 和 SF_6 的 GWP 更是分别达到17400和25200，可见人类工业活动对于全球升温的显著影响[3]。

此外，温室气体在大气中的存留时间也是研究全球温室效应的另外一个关键指标。甲烷和氧化亚氮一般在大气中可以分别停留11.8年和109年[3]，而二氧化碳一般很难用单一的时间指标来衡量。由于二氧化碳的化学性质十分稳定，在自然情况下难以分解，因此主要通过溶解于海水中或参与植物的光合作用等方式被消化，少数二氧化碳会长期留存在大气中，时间可长达上千年。人造温室气体在空气中的存留时间长短不一，HFCs 大多属于短寿命温室气体，寿命大多在几十年以内，而其他的氟化物如 NF_3 和 SF_6 的寿命分别长达569年和3200年，更有全氟化碳（CF_4）可以在空气中停留5万年之久。

1.1.1 全球二氧化碳排放情况

2021年8月 IPCC 发布了第6次评估报告《气候变化2021：自然科学基础》[3]，认为全球气候变化的速度正在加快，人类生存环境的恶化速度超出想象。据报告数据显示，1750年人类进入工业化时代以来，大气中主要温室气体浓度已明显升高，其中二氧化碳、甲烷和氧化亚氮气体的浓度已经分别升高47%、156%和23%。除了研究气体浓度以外，科学家也长期跟踪主要温室气体的排放情况。国际上一般参考不同温室气体的 GWP，以吨二氧化碳当量（tCO_2e）为单位来进行计量。以 1t 甲烷为例，其100年时间尺度的 GWP 为28，对应的二氧化碳排放当量为 $28tCO_2e$。在此基础上，IPCC 对全球人为因素造成的温室气体排放量进行了统计，其中二氧化碳是最主要的温室气体，约占全部温室气体排放总量的八成，剩余为甲烷、氧化亚氮及含氟温室气体。

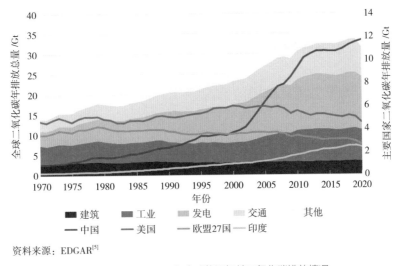

资料来源：EDGAR[5]

图 1-2 1970—2020 年全球能源相关二氧化碳排放情况

人为因素造成的二氧化碳排放主要分为化石能源的使用和土地利用变化两大类，而前者的排放量比重高达 80% 以上。2020 年全球因使用化石能源造成的二氧化碳的排放量已经在 1970 年的基础上增加了一倍以上，达到约 36Gt（图 1-2）。发电领域是二氧化碳排放的首要源头，1970 年以来，该领域二氧化碳排放比重持续上升，已经在 2020 年达到了 36.5%。由于燃煤发电、天然气发电依然是各国的主力电源，随着社会电气化进程的深入推进，未来电力需求将持续上升，这意味着如果保持当前的发电结构不变，二氧化碳排放量将持续增长。工业领域属于第二大排放源，钢铁、水泥、化工等高耗能、高排放行业是传统的用电大户，同时也需要消耗大量的化石能源一方面用作燃料，另一方面用作化工原料。不过，工业领域的排放量比重正呈现逐年下降的趋势，从 1970 年的 28.8% 降至 2020 年的 21.7%。相比之下，交通领域的排放比重却呈逐年上升的趋势，已从 1970 年的 17.7% 上升至 2020 年的 20.3%，这与全球机动车保有量上升有着密切关系。美国、日本和欧盟等国家是传统的汽车制造和消费大国，汽车保有量一直在稳定增加。我国在改革开放后，汽车开始走进千家万户。截至 2022 年底，我国民用汽车保有量已达到 3.19 亿辆，占全球比重超过 20%，稳居全球汽车消费市场的首位。要知道，我国在 1970 年的民用汽车保有量还不到 50 万辆。尽管在汽车总量上已稳居全球首位，但从人均保有量上看，我国与发达国家还有着不小的差距，这意味着我国汽车市场还有较大的发展空间。不只是我国，还有印度等其他新兴经济体也在大力推动汽车消费，这意味着未来还会有更多的二氧化碳排放来自交通运输领域，大有赶超工业领域排放量的强劲势头。建筑领域的排放量比重已从

1970 年的 18.4% 下降至 2020 年的 9.4%，而其他领域的排放量比重基本维持在 10% 左右。

1.1.2　我国二氧化碳排放情况

随着我国经济总量和工业规模的不断增长，二氧化碳排放量也呈加速上升趋势，其中能源活动是最主要的排放源，约占我国全部二氧化碳排放量的 86.8%❶。从图 1-3 可以看出，我国能源相关二氧化碳排放量已由 1970 年的 0.91Gt 攀升至 2020 年的 11.7Gt，且排放量占全球的比重也在逐年提高，从 1970 年的 5.7% 升至 2020 年的 32.5%，超越美国成为全球二氧化碳年排放量最高的国家[5]。同全球的碳排放结构相似，我国发电行业的碳排放量比重呈逐年上升趋势，在 2020 年已达到 41%，成为第一大排放源。这与我国"一煤独大"的发电结构密切相关。尽管我国可再生能源发电装机量屡破新高，但煤电装机规模依然庞大。根据中国电力企业联合会发布数据显示，2020 年，我国全口径发电装机容量为 2200GW，其中煤电为 1080GW，占总发电装机容量的比重为 49.1%，煤电发电量占总发电量的比重为 60.8%[6]。同时，我国作为制造业大国，工业领域的排放量虽然在持续增加，不过比重却呈下降趋势，已从 1970 年的 42.4% 降至 2020 年的 27.6%。与欧美国家不同，我国交通领域占总体排放量的比重不足 10%（约 1Gt），这与我国经济处于工

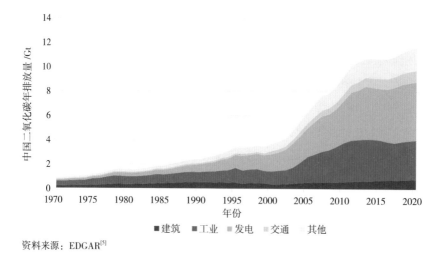

资料来源：EDGAR[5]

图 1-3　1970—2020 年中国能源相关二氧化碳排放情况

---

❶《中华人民共和国气候变化第二次两年更新报告》数据。

业化和城市化发展阶段的特征相符。随着我国现代化进程的提速，二氧化碳排放结构将逐渐向发达国家的排放结构进行转变，工业领域排放量占比将逐步降低，而交通领域的排放量比重或将继续提升。

1.2 气候变暖与极端天气

二氧化碳等温室气体无节制地排放必然造成地球表面温度的升高，据科学监测数据显示，从 19 世纪中叶到 2020 年，地球表面平均温度因人为因素造成的升温幅度在 0.8~1.3℃，其中 1.07℃ 的可信度最高（见图 1-4）[7]。

目前，已经有越来越多的观测数据证实了地球升温现象。俄罗斯西伯利亚北极圈以内的维尔霍扬斯克小镇 2020 年 6 月 20 日的气温一度高达 38℃，创下该地自 1885 年有记录以来的史上最高温度；南极洲大陆在 2020 年气温也一度达到 18.3℃ 的历史高点。全球气候变化对中国的影响也十分显著，升温速率明显高于同期的全球平均水平。根据中国气象局的数据显示，最近 70 年以来，中国地表的升温速率达到 0.26℃/10 年。进入 21 世纪以后，升温速率进一步加快，1901 年以来中国 10

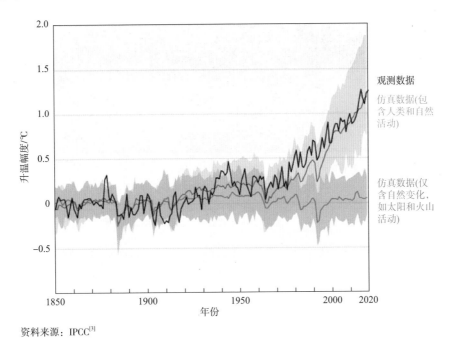

资料来源：IPCC[3]

图 1-4　1850—2020 年全球地表温度（年均值）观测数据与仿真数据变化情况

个最暖年份中，有 9 个均出现在 21 世纪[8]。

随着地球表面平均温度的升高，占地球表面面积约 10% 的冰层已经出现明显的消融现象。根据美国国家航空航天局（NASA）全球气候变化观测数据[8]，自 1994 年以来，全球每年约有 400Gt 的冰川消融，大型冰川所在地如阿拉斯加、落基山脉、安第斯山脉、阿尔卑斯山脉、喜马拉雅山脉和苏迪曼山脉等均有不同程度的冰川退融情况。其中被誉为"非洲屋脊"的乞力马扎罗山的永久冰川，正在以高于全球平均水平的消融速度加速退缩，并可能在 2040 年完全消失（见图 1-5）。此外，覆盖在格陵兰岛和南极的永久冰盖也分别以每年 276Gt 和 152Gt 的速度融化。冰川和冰盖的大范围融化将不可避免地导致海平面加速上升，据卫星和海岸监测数据显示，1900 年至今，全球海平面已经累计上升超过 200mm，而最近 30 年已累计上升超过 100mm，年均升幅达到 3.4mm[9]。我国沿海的海平面年均升幅高于同期全球平均水平，2020 年我国沿海海平面较 1993—2011 年的平均值已高出 73mm[8]。如果海平面上升势头没有得到有效缓解，像意大利威尼斯这样的滨海历史名城将很可能在 21 世纪末期被逐渐淹没，而纽约、上海、伦敦等沿海都市也将面临内涝的风险。

资料来源：NASA[11]

图 1-5 乞力马扎罗冰川退缩情况对比

注：照片由美国国家航空航天局（NASA）Landsat 卫星在 1993 年 2 月 17 日（左图）和 2000 年 2 月 21 日（右图）拍摄。

气候变化也是一系列极端天气现象频发的主因。根据 IPCC 报告显示，20 世纪 50 年代以来，全球大部分国家遭遇高温热浪 ❶ 袭击的频率和强度正在加大[3]。在全球升温趋势下，极端高温天气开始席卷全球各地。2003 年 8 月欧洲遭遇严重高温

---

❶ 根据中国气象局的定义，高温热浪事件一般是指日最高气温 ≥35℃，日最低气温 ≥25℃，且持续时间多于 3 天的连续高温天气。

热浪袭击，超过 7 万人死亡[10]，大量绿色植被因长期暴晒而枯死，欧洲当地的森林碳汇❶能力被削减约 30%[11]。这场灾难使得大量二氧化碳无法被植物吸收，而这部分未被吸收的二氧化碳约等于当地 4 年的碳汇总量[11]。中国科学院研究了近 60 年我国高温热浪事件发生情况，发现局部地区高温热浪发生的频率和强度指数增加了近 1 倍，前 3 大高温热浪事件均发生在 2000 年之后[12]。其中，2013 年 8 月的高温热浪天气创下了我国自有监测数据以来的最高纪录。此研究还警示，在全球 2℃ 升温情境下，像 2013 年这样的热浪天气将成为常态，发生频率可能达到每两年一次，届时高温、干旱、缺水等异常环境将对地球上的动植物和人类生存构成严峻考验。

除此之外，有大量观测证据表明，极端强降水和洪涝灾害事件的发生频率与危害程度也在逐渐提高，这对城市生活、农业生产和自然生态造成了严重危害。挪威、瑞典及芬兰等气象局联合针对北欧波罗的海区域的降水情况进行了系统研究[13]。结果显示，1901 年以来该地区绝大部分监测站所测得的年度单日最大降水量都呈现上涨趋势，并且每年的最大降水强度也连续 50 年上升。奥地利、瑞士、德国等其他欧洲国家的降水情况也呈现同样的趋势[14]，我国也不例外。根据中国气象局数据显示，1961—2020 年，我国平均年降水量总体呈现上升趋势，强降水等极端事件增多增强，气候风险水平逐年上升[8]。例如 2021 年 7 月 17—20 日，我国河南省遭遇短时强降水侵袭，平均每日降水量高达 144.7mm。其中，郑州市更是遭遇了罕见的特大暴雨❷袭击，20 日 16—17 时 1 小时降水量一度达到 201.9mm，打破了我国 1975 年 8 月河南林州"758 特大暴雨"1 小时降水量 198.5mm 的纪录。郑州气象局官方称此次特大暴雨"千年一遇"，而此次极端气候灾害所造成的遇难者人数超过 300 人。同期，德国、比利时、荷兰、卢森堡、奥地利等欧洲西部多国也遭遇强降雨袭击，其中 7 月 14—15 日部分受灾地区降水量达到 100~150mm，相当于当地 2 个月的降水量。此次特大暴雨造成超过 190 人遇难，仅在德国西部莱茵兰 – 普法尔茨州的阿尔韦勒县就有至少 117 人遇难，749 人受伤。

面对愈演愈烈的气候灾害，人类正经历有史以来最严峻的生存危机。为此，世界各国开始携手行动，主动控制温室气体排放，积极应对气候变化。

---

❶ 所谓"碳汇"是指通过植树造林、植被恢复等手段，吸收大气中的二氧化碳，以降低温室气体在大气中浓度的过程、活动或机制，主要包括森林碳汇、草地碳汇、耕地碳汇、海洋碳汇和人工碳汇 5 种类型。

❷ 根据中国气象局的标准，24h 内降水量在 50~99.9mm 为暴雨，100~250mm 为大暴雨，大于 250mm 为特大暴雨。

1.3 应对气候变化的国际行动

1.3.1 国际公约及协定

1.《联合国气候变化框架公约》

1992 年 5 月，150 多个国家与欧洲经济共同体（现欧盟的前身）在联合国大会上共同签署《联合国气候变化框架公约》（以下简称《公约》），确立了应对气候变化的最终目标，即"将大气中温室气体的浓度稳定在防止气候系统受到危险的人为干扰的水平上[15]。这一水平应当在足以使生态系统能够自然地适应气候变化、确保粮食生产免受威胁并使经济发展能够可持续地进行的时间范围内实现"。《公约》还针对国际合作应对气候变化提出了"共同但有区别的责任"原则，明确发达国家应率先采取应对气候变化的措施，并向发展中国家提供资金和技术，帮助发展中国家应对气候变化。《公约》自 1994 年 3 月 21 日生效，截至 2021 年 12 月，共有 197 个国家和地区作为缔约方签署了该文件。

2.《京都议定书》

为了强化《公约》的执行力度，特别是推动发达国家的减排进程，《京都议定书》（以下简称《议定书》）于 1997 年 12 月 11 日在《公约》第 3 次缔约方会议上获得通过[16]。《议定书》历史性地针对缔约方的温室气体排放量设置了具有法律约束力的目标，并为各国履行减排义务提出了具有建设性意义的市场化"履约机制"，包括国际排放权交易、清洁发展和共同履约等。《议定书》还明确了 6 种主要温室气体，包括 CO_2、CH_4、N_2O、SF_6、HFCs 和 PFCs，同时设置了 2008—2012 年和 2013—2020 年两个承诺期。

参与第一个承诺期的国家包括欧盟各成员国、澳大利亚、日本等 37 个国家和一个国家集团（欧盟），各国在 5 年的执行期中将温室气体排放量在 1990 年的排放基础上平均减少了 5%。值得一提的是，作为《议定书》缔约方和首个承诺期参与者的加拿大，却在 2011 年 12 月选择退出《议定书》，宣布不再执行相关减排承诺，逃避了因无法完成减排目标而面临的约 140 亿加元的罚款[17]。在 2012 年 12 月 8 日的多哈会议上，缔约方通过了《〈京都议定书〉多哈修正案》，规定参与第二个承诺期（2013 年 1 月 1 日至 2020 年 12 月 31 日）减排的国家，需要将温室气体排放量在 1990 年的水平上减少 18%，同时还对温室气体清单进行了完善。

3.《巴黎协定》

《巴黎协定》于2015年12月12日在第21届联合国气候变化大会（巴黎气候变化大会）上通过，是一项具有法律约束力的气候管控全球性协议。该文件安排了一系列2020年后全球应对气候变化的国际机制，并制定了控制全球温度升高的长期目标，即"把全球平均气温升幅控制在工业化前水平以上低于2℃之内，并努力将气温升幅限制在工业化前水平以上1.5℃之内"[18]。为实现这一温控目标，《巴黎协定》要求缔约方"尽快达到温室气体排放的全球峰值，同时认识到达峰对发展中国家缔约方来说需要更长的时间；此后利用现有的最佳科学手段迅速减排，以实现可持续发展和消除贫困，在公平的基础上，在21世纪下半叶实现温室气体源的人为排放与汇的清除之间的平衡"。这实质上是通过国际文件的形式正式提出了碳达峰、碳中和的愿景目标。

与碳达峰目标相比，各国提出的碳中和目标更受国际社会关注。目前，国际上关于碳中和目标所涉及的温室气体管控范围尚未形成一致意见，各国依据自身国情提出了类似但又有区别的表述。总体上看，碳中和目标可分为"碳中和（Carbon Neutrality）""净零排放（Net Zero）""气候中性（Climate Neutrality）"三种。碳中和一般是指国家、城市、企业、产品、活动或个人在一定时间内直接或间接产生的二氧化碳排放，通过碳捕集利用及封存（Carbon Capture, Utilisation and Storage, CCUS）、植树造林等形式进行抵消，达到相对零碳排放的结果。净零排放的覆盖范围更广，不仅包含二氧化碳，同时也包含甲烷、氧化亚氮、氢氟碳化物等其他温室气体，要求所有温室气体排放量与人为清除量在一定时期内达到平衡。气候中性的目标则更为宏伟，它不仅要求实现温室气体的净零排放，同时还考虑区域或局部的辐射效应影响，比如飞机尾迹云的辐射强迫等，旨在实现人类活动对气候系统的净零影响。在本书接下来的章节所提到的碳中和目标中，除非特别说明，将主要泛指以上三类目标。

国家自主贡献（Nationally Determined Contributions, NDCs）也是《巴黎协定》的一项重要内容。它规定，缔约国应在"共同但有区别的责任和各自能力"的原则基础上，根据温控目标制定、通报并保持其国家自主贡献，每隔五年须向秘书处通报一次。NDCs应反映该国可实现的最大减排力度，并持续采取更加有力的政策和措施，强化国家自主贡献力度。此外，《巴黎协定》还鼓励各国制定长期温室气体低排放发展战略，使减排行动成为一项长期、可持续的重要任务。

《巴黎协定》在资金、技术、减排能力建设上也做出了相应安排。总体上，《巴黎协定》要求发达国家为发展中国家提供资金支持，并尝试围绕减排技术建立框架机制用于指导技术开发和转让，但并未就具体措施和金额提出具有法律约束力的量化指标。其实，早在 2009 年哥本哈根气候大会上，发达国家就提出了到 2020 年每年向发展中国家提供 1000 亿美元用于应对气候变化的援助承诺。但根据经济合作与发展组织（OECD）统计，尽管发达国家每年为发展中国家提供的应对气候变化资金已从 2013 年的 524 亿美元增加至 2019 年的 796 亿美元，但从未达到每年 1000 亿美元的目标[19]。于 2021 年通过的《格拉斯哥气候公约》再次发出呼吁，希望发达国家履行承诺，在未来五年内将气候援助资金提升至 2019 年水平的两倍。尽管如此，各国在具体行动细节和资金等问题上依然争论不断，求同存异成为各国应对气候变化的现实之举。

1.3.2　世界主要国家应对气候变化行动

在国际社会的联合呼吁下，世界各国通过出台国家行动方案、制定法律法规、发布行业指导意见等方式，控制温室气体排放，推动能源绿色低碳转型。根据世界资源研究所（WRI）和《气候观察》（Climate Watch）的统计数据，截至 2022 年底，全球已有 170 个国家提交了更新版的减排战略，占全球温室气体排放量的 91.1%；已有 89 个国家及地区通过立法、政策文件或者政策宣示的形式提出碳中和目标，排放量约占全球的 78.7%。

欧盟是全球应对气候变化最为积极的经济体。2018 年，欧盟出台《欧洲为实现繁荣、现代、具备竞争力的气候中性经济的长期战略构想》，首次提出到 2050 年实现气候中性目标[20]。随后，欧盟议会在 2020 年 1 月以压倒性优势通过了《欧洲绿色协议》（European Green Deal），为实现温室气体净零排放制定了详细路线图和政策框架。同年 6 月，欧盟表决通过首部气候法——《欧洲气候法案》（European Climate Law），为实现碳中和目标增加了法律约束。除了从政策和法律层面积极应对气候变化之外，欧盟从 2005 年便建立了全球首个碳排放权交易体系（EU-ETS），覆盖欧盟各成员国、冰岛、挪威和列支敦士登。该体系引入市场化机制，使得碳排放权具备了金融属性，并衍生出了诸多碳金融交易产品。符合条件的企业、机构甚至个人都能进入市场进行交易，大幅提升了碳交易的活跃度和各国碳减排的效率，使得参与国家超额完成了《京都议定书》的减排指标。由于脱碳费用会直接导致商品和服务成本上涨，为了保护欧盟内部的产业竞争力，欧洲议会在 2021 年 3 月通过设立"碳边境调节机制（CBAM）"，计划针对碳排放强度高的进口商品（如钢铁、水泥、电力和铝等）征收碳边境调节税，以防范"碳泄漏"。此外，欧盟也在积极支持碳中和技术的研发应用，大规模建设风电、光伏项目，制定《欧盟氢能战略》，同时提供资金支持 CCUS 技术在工业领域的应用等。可以看出，欧盟在法律、政策、金融、技术、外交等各方面积极应对气候变化，实施力度空前绝后。

美国作为化石能源消费和生产大国，其社会各界对于气候变化的态度一直存在两极分化的现象。一方面，科学界对于全球气候变化早已形成了广泛共识，在气候变化领域的研究也长期处于世界领先地位并致力于倡导各国采取行动。另一方面，美国政府层面特别是共和党对气候变化持比较坚决的怀疑和否定态度，比如小布什政府退出《京都议定书》和特朗普政府退出《巴黎协定》等举动一度震惊世界。以上显示出美国社会对于应对气候变化的矛盾态度[21]。尽管如此，美国一直高度重视科技创新在气候变化规律研究、气候变化影响识别、应对气候变化举措、相关政策制定等方面的作用[22]。为强化技术引领，美国联邦政府推出了包括美国全球变化研究计划（USGCRP）、清洁能源技术研发（CCTP）和全球气候变化倡议（GCCI）等多项长期项目，分别涵盖气候变化所涉及的科学、技术和对外援助三个方面。USGCRP 旨在整合资源，为政府决策提供参考；CCTP 的主要使命是支持太阳能、风能、核能等清洁能源的开发应用，美国能源部（DOE）为此每年投入超过 70 亿美元，用于清洁能源技术开发；GCCI 的主要职能是进行对外援助与合作，覆盖领域包括低碳发展、环境适应、清洁能源、森林碳汇等。除此之外，美国为推广清洁能源技术的应用，制定了一系列税收优惠政策，包括为风电、光伏等新能源项目的投资和生产提供税收抵免，对符合条件的个人住宅节能改造工程和用户新能源设备执行个人所得税抵免，发布 45Q 税收抵免条款支持 CCUS 项目等。随着拜登政府于 2021 年重回《巴黎协定》并对外宣布 2050 年碳中和目标，美国应对气候变化行动或将提速。

日本在应对气候变化方面一直采取跟随策略。自《巴黎协定》签署以来，该国制定了《气候变化适应计划》《气候变化对策计划》《能源创新战略》等战略计划[23]，主要行动包括加大气候变化领域的科技研究投入力度、大力推广节能技术应用、增加对纯电动汽车和氢燃料电池汽车的补贴力度、建立全球温室气体监测数据共享平台、加强与其他国家的气候变化合作等。2021 年，日本更新了国家自主贡献减排目标，提出到 2030 年将碳排放量降低至 2013 年的 54% 左右，并将可再生能源发电装机量的比重提升至 36%~38%。

1.3.3　我国应对气候变化行动

随着世界主要国家接连宣布碳中和目标，我国在应对气候变化方面的举措备受瞩目。2020 年 9 月 22 日，国家主席习近平在第 75 届联合国大会一般性辩论上宣布了我国"二氧化碳排放力争于 2030 年前达到峰值，努力争取 2060 年前实现碳中和"的目标，即"双碳"目标。

我国是拥有 14 亿多人口的最大的发展中国家，能源密集型、碳密集型产业规模庞大，温室气体排放量占全球比重最高，碳减排压力巨大。欧洲大部分国家如英国、德国和法国等，早在 20 世纪 80 年代至 90 年代逐渐实现了碳达峰，而美国作为当前第二大碳排放国，其碳排放量在 2007 年也已实现达峰。这意味着发达国家自碳达峰后，普遍拥有更多的时间实现碳中和。对比来看，在"双碳"目标指引下，我国在 2030 年实现碳达峰后，仅剩 30 年的时间来实现碳中和，这一任务十分艰巨。

尽管如此，我国在应对气候变化方面做了大量的工作[24]。长期以来，我国政府就应对气候变化积极制定和实施了一系列战略、法规、政策和行动。在顶层设计方面，我国于 2013 年制定了《国家适应气候变化战略》，并于 2020 年启动编制《国家适应气候变化战略 2035》，分阶段明确了国家适应气候变化工作的总体方略、目标和举措。同时，我国大力优化调整能源结构，确立了能源安全新战略，着力推动能源消费革命、供给革命、技术革命、体制革命，全方位加强国际合作。在规划制定方面，我国在 2021 年制定了碳达峰碳中和"1+N"政策体系，发布了顶层设计文件——《关于完整准确全面贯彻新发展理念做好碳达峰碳中和工作的意见》，对"双碳"工作进行了系统谋划和总体部署。随后，国务院印发《2030 年前碳达峰行动方案》，为能源、工业、城乡建设、交通运输、农业农村等多领域开展制定碳达峰实施方案提供了具体指引。在法律法规方面，2015 年修订的《中华人民共和国大气污染防治法》专门增加条款，为实施大气污染物和温室气体协同控制与开展减污降碳协同增效工作提供法制保障。2016 年 9 月，全国人大常委会正式批准《巴黎协定》的法律文书，展示了我国应对气候变化的雄心。在体系和制度建设方面，国家持续推进绿色低碳循环发展经济体系，高耗能、高排放项目监管体系，绿色低碳交通体系，清洁低碳安全高效能源体系以及全国碳市场制度体系等多项体系和制度的建设，明确统筹和加强应对气候变化与生态保护的主要领域和重点任务。

经过多年的努力，我国在应对气候变化和推动经济社会绿色低碳转型方面取得了明显成效：（1）碳排放强度显著下降。2020 年碳排放强度比 2015 年下降 18.8%，比 2005 年下降 48.4%，超额完成我国对国际社会承诺的到 2020 年下降 40%~45% 的目标。（2）能耗强度明显降低。2011—2020 年，我国能耗强度累计降低 28.7%，成为全球能耗强度降低得最快的国家之一。（3）能源结构持续优化。2020 年，我国非化石能源占能源消费总量的比重已达到 15.9%，较 2005 年大幅提升 8.5 个百分点；非化石能源发电装机总规模达到 980GW，占总装机规模的比重为 44.7%；非化石能源发电量达到 2583TWh，占全社会用电量的比重达到 1/3 以上。（4）新能源产业高速发展。我国新能源汽车产销量连续多年位居全球第一；风电、光伏、新型储能装机规模均位列世界前茅。（5）生态系统碳汇能力明显提高。我国已经成为全球森林资源增长最多和人工造林面积最大的国家，截至 2020 年底，全国森林面积达到 2.2 亿公顷，全国森林覆盖率达到 23.04%，森林植被碳储备量达到 9.2Gt。

1.4　小结

温室气体排放对于气候变化的影响已从科学共识上升至全球共治，世界各国正加速兑现减排承诺，并扩大全球温室气体的控排范围。国际社会面对气候变化新形势达成一系列新的共识，并一致认为应对气候变化是一项长期、艰巨且复杂的任务，需要各国的共同努力，缺少任何一方都可能导致前功尽弃。世界各国只有坚持多边合作机制，促进技术共享，并认真落实国家自主贡献目标，才能把碳中和的美好愿景照进现实。

第二章

碳中和之路

在上一章节中，我们讨论了温室气体与气候变化之间的关系，通过科学观测结果和实际发生的案例，详细阐述了气候变化对于人类社会造成的显著影响以及未来可能出现的生存危机。人类社会进入工业时代以来，煤炭、石油和天然气等化石能源被大规模开采并使用于各行各业，一方面提升了人类的生产生活水平，另一方面也不可避免地造成了环境赤字。这种矛盾使国际社会重新审视化石能源的价值，并着手规划碳减排路径，同时寻找替代能源。从 20 世纪 90 年代起，国际社会通过签署《联合国气候变化框架公约》《京都议定书》以及《巴黎协定》等一系列协议，正积极应对气候变化。然而，只靠签订国际协议远远不够，各国还需要采取实质性举措，制定符合自身情况的政策和路径，否则碳中和愿景将是空中楼阁。

2.1 碳中和政策

2.1.1 世界主要国家碳中和政策

碳中和是一项长期且艰巨的任务，是人类社会正在经历的一次重大变革。为此，政府必须通过立法或者设计碳中和政策框架，为碳中和目标提供长期有效的政策保障。目前，世界主要国家实施的举措包括设定碳中和目标、制定碳中和中长期规划或国家行动方案、推出碳定价机制（如实施碳税或建立碳排放权交易市场等）、安排煤电退出、遏制油气行业甲烷排放以及实施节能改造等。

表 2-1 总结了世界主要国家和地区的碳中和目标及主要举措。欧盟是碳中和行动的先行者，其在 2021 年通过了《欧洲气候法案》，从法律层面约束了各成员国应对气候变化的各项行动；同时，该法案还设置了阶段性目标，明确到 2030 年，欧盟将使温室气体排放水平降至 1990 年的 45% 甚至更低。此外，欧盟还发布了"Fit for 55"一揽子提案，将"净零"排放气候目标转化为具体行动。英国发布《净零战略》和《绿色工业革命十点计划》，聚焦绿色产业发展，包含英国政府一系列长期的绿色改革承诺，涉及清洁电力、交通变革和低碳取暖等众多领域。美国公布《美国长期战略：2050 年实现净零温室气体排放的路径》，绘制了 2050 年碳中

和路线图，明确了各个行业需要采取的行动，着重强调了提高能源效率的重要性，并提出大力推动清洁能源替代和广泛应用二氧化碳捕集技术。日本发布新版《2050碳中和绿色增长战略》，提出加快能源和工业部门的结构转型，积极发展海上风电产业，同步培育太阳能和地热产业；同时，计划推动氨能和氢能产业的协同发展，实现产业结构和经济社会转型。可以看出，世界主要国家在制定碳中和相关法规和政策时，均把推动能源绿色低碳转型作为核心任务。

表 2-1　主要国家和地区应对气候变化战略目标及主要举措

国家 / 地区	目标	战略、政策、立法	能源	交通、工业、建筑	CCUS	碳市场、碳税
美国	2035 年实现电力行业"净零"排放；2050 年实现"净零"排放	《零碳排放行动计划》《通胀削减法案》	2035 年实现电力行业零排放	2030 年零排放汽车销量达 50%	45Q 投资税收抵免政策将固定源地质封存补贴提高至 85 美元/t	推动联邦层面建立碳市场；出台"美国版碳关税"
欧盟	2030 年温室气体排放较 1990 年减少 55%；2050 年前实现"净零"排放	《欧洲气候法案》《欧洲绿色协议》《REPower EU》《净零工业法案》	16 国确定退煤时间；建立绿色电力采购机制	颁布《可持续与智能交通战略》；加速推进钢铁行业脱碳；2035 年禁售化石燃料新车	积极倡导 CCUS 制度化和规范化；2022 年地平线欧洲计划提供 5800 万欧元资助 CCUS 技术研发	出台欧盟碳边境调节机制；欧盟碳市场目前处于第四阶段，未来碳交易体系将纳入航运业，并建立一个覆盖建筑和道路交通的新独立碳交易系统
加拿大	2050 年实现"净零"排放	《联邦温室气体污染定价法案》《净零排放问责法》	五大油砂公司承诺实现 2050 年"净零"排放目标	2035 年起禁售燃油车；推进"绿色建筑战略"	2022 年起，符合条件的碳捕集项目可申请 50% 的税收抵免	2023 年起，碳税每年递增 15 加元/t，2030 年将上涨至 170 加元/t
德国	2030 年温室气体排放较 1990 年减少 65%；2045 年实现"净零"排放	《德国联邦气候保护法》	2030 年可再生能源发电量占比目标提升至 80%	规划氢燃料电池汽车和加氢站；计划建立输氢管网；颁布《建筑能源法》	颁布 CCUS 发展路线图和战略规划	—

国家／地区	目标	战略、政策、立法	能源	交通、工业、建筑	CCUS	碳市场、碳税
英国	2035 年温室气体排放较 1990 年减少 78%；2050 年实现"净零"排放	《气候变化法》	重点发展海上风能；加快先进核技术研发	2040 年前禁售燃油车；出台"绿色工业革命"计划	计划至 21 世纪 20 年代中期投运 2 个 CCUS 集群	2021 年 1 月起正式启动英国独立的碳市场体系
日本	2050 年实现"净零"排放	《2050 碳中和绿色增长战略》	2050 年可再生能源发电量占比提升至 50%~60%	2035 年起禁售燃油车；2030 年起所有新建住宅需按照"零碳排住宅"标准建造	积极参与海外 CCUS 项目投资；2021—2025 年投资 130 亿日元用于支持 CO_2 循环利用技术发展	启动全国性碳排放权交易市场建设；上调气候变暖对策税

资料来源：根据各国政府公开报道整理

2.1.2　我国碳中和政策

我国于 2021 年 10 月正式发布了《关于完整准确全面贯彻新发展理念做好碳达峰碳中和工作的意见》，加速构建碳达峰碳中和"1+N"政策体系。该文件全面覆盖碳达峰、碳中和两个阶段，是国家为推动实现"双碳"目标而制定的顶层设计，主要发挥纲领作用，体现的是国家对"双碳"工作的系统谋划和总体部署。值得关注的是，该文件分阶段针对能耗指标、二氧化碳排放强度、非化石能源比重和森林蓄积量提出了量化目标，进一步明确了"双碳"目标任务的努力方向："到 2025 年，单位国内生产总值能耗比 2020 年下降 13.5%；单位国内生产总值二氧化碳排放比 2020 年下降 18%；非化石能源消费比重达到 20% 左右；森林覆盖率达到 24.1%，森林蓄积量达到 $180 \times 10^8 m^3$。到 2030 年，单位国内生产总值二氧化碳排放比 2005 年下降 65% 以上；非化石能源消费比重达到 25% 左右，风电、太阳能发电总装机容量达到 1200GW 以上；森林覆盖率达到 25% 左右，森林蓄积量达到 $190 \times 10^8 m^3$。到 2060 年，非化石能源消费比重达到 80% 以上，碳中和目标顺利实现。"

随后，国务院发布了《2030 年前碳达峰行动方案》，明确了 2030 年前实现碳达峰目标的主要任务，分能源、工业、城乡建设、交通运输等诸多行业领域制定了任务安排，并要求全国各地区结合当地社会发展实际和资源环境禀赋，梯次有序推进碳达峰。除此以外，国家还针对不同领域发布了重要文件，包括《碳排放权交易管理办法（试行）》《关于加快建立健全绿色低碳循环发展经济体系的指导意见》《关于加强高耗能、高排放建设项目生态环境源头防控的指导意见》《关于完善能源绿色低碳转型体制机制和政策措施的意见》《氢能产业发展中长期规划（2021—2035 年）》等，碳达峰碳中和 "1+N" 政策体系逐渐成型见效，社会各界对于 "双碳" 目标任务的重视程度正在加速提升。

2.2 碳中和路径

由于各国在资源禀赋、科技实力和经济水平存在差异，相应的碳中和路径不尽相同。不过，调整能源供需结构是各国的普遍共识，"减煤、稳油、增气、加新❶"正成为主流趋势 [25]。图 2-1 显示的是当前世界主要经济体的二氧化碳排放量变化情况以及未来趋势 [5]。可以看出，多数发达经济体在进入 21 世纪之前就已经实现了碳达峰，而美国的碳达峰时间则是在 2007 年前后。相比之下，我国年碳排放量在 2000—2012 年经历了一个加速上涨阶段，从 3.7Gt 增长至 10Gt 以上，超越美国成为碳排放量最大的国家。2012 年之后，我国的碳排放量进入缓慢上升期，根据中国工程院的预测，我国碳排放量约在 2027 年前后达峰，峰值约为 12.2Gt[26]。在实现碳达峰以后，我国仅有 30 年左右的时间来实现碳中和，这意味着我国的碳排放量平均每年要削减 400Mt 以上，这一数字是发达经济体的数倍，可见我国碳减排工程之艰巨。

结合中国工程院、国际能源署（International Energy Agency，IEA）、波士顿咨询公司等多家机构的研究结果以及当前形势 [25,27–29]，从构建新型能源体系的角度出发，我国碳中和实现路径可以分为以下四个阶段：

（1）碳达峰阶段（2021—2030 年）。现阶段，我国二氧化碳排放量依然呈现逐年上升的趋势，但是上升速度明显减缓，已渐入平台期。从我国当前的二氧化碳排放结构看，工业和发电领域的碳排放量比重合计达到 80%，是我国主要的碳排

---

❶ "加新"指的是增加风电、光伏、氢能等新能源。

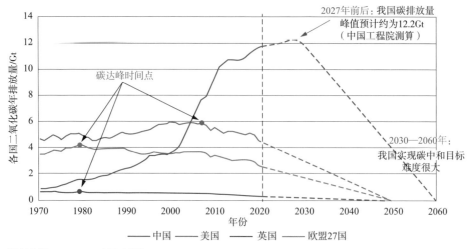

资料来源：EDGAR、中国工程院

图 2-1　1970—2060 年全球主要国家二氧化碳排放情况及趋势

放源。这些领域具有碳排放强度和能耗强度"双高"的特点，能效利用水平与发达国家存在明显差距。在碳排放强度方面，2020 年我国每 1 万美元国内生产总值（Gross Domestic Product，GDP）对应的排放量达到 6.7t 二氧化碳，是全球平均水平的 1.8 倍、发达国家的 3~6 倍。在能耗强度方面，2020 年我国每 1 万美元 GDP 对应的能耗为 3.4t 标准煤，是全球平均水平的 1.5 倍、发达国家的 2~4 倍[25]。因此，碳达峰阶段的核心任务将是对标能效先进水平，推动重点用能行业进行节能降耗和能效提升改造。工业领域应大力实施节能改造工程，引进先进技术以提升用能效率；交通领域需要持续提升新能源汽车的市场渗透率；建筑领域应加快推广热泵的应用。此外，还应加快能源结构调整，大力发展风电、光伏等可再生能源，积极培育氢能和储能产业。在负碳产业方面，CCUS 将进入产业培育期，技术成本稳步下降，需要将示范工程建设逐步转向商业化运营，并同时发展碳汇产业。

（2）达峰平台期（2031—2035 年）。2035 年是我国基本实现社会主义现代化的重要时间点，此时我国新型能源体系基本成型，将呈现出多元供应、清洁低碳、安全高效的特征。在达峰平台期，天然气的需求预计在 2035 年前后达峰，我国化石能源整体需求将进入峰值平台并逐步下降。在能源供给侧，推动煤炭清洁减量利用是这一时期的重要任务之一；风电、光伏发电在达到 1200GW 装机的基础上，需要进一步扩大建设规模，以确保非化石能源消费比重到 2035 年前达到 30% 以上；氢能

　碳中和与氢能社会

产业链趋于完善，正在进入快速发展期，应持续加强基础设施建设，并通过技术降本推动绿氢❶的规模化生产。在用能侧，重工业领域需要加大技术创新和电气化改造，持续降低能耗，并使得节能和能效水平达到世界先进。交通领域电动化程度进一步提升，新能源汽车市场占有率超过50%。在负碳产业方面，CCUS技术进入商业化应用阶段，碳汇产业加速发展，推动负碳技术商业模式创新是该阶段的重要任务之一。

（3）加速减排期（2036—2050年）。由于绝大部分发达国家的碳中和时间点设置在2050年之前，各行业的深度脱碳需求激增，以氢能为代表的零碳能源进入爆发增长期，清洁能源投资或加速涌向氢能产业，推动我国构建具有全球竞争力的氢能产业链。同时，可再生能源需要持续保持高速增长，实现对化石能源的加速替代，非化石能源消费比重上升至70%左右。在用能侧，主要任务包括加大工业领域节能和能效技术创新、深入实施建筑物的节能改造、大幅度提升新能源汽车市场占有率至90%以上等。在负碳产业方面，CCUS技术逐步成熟，产业进入高度商业化阶段，在工业、发电等领域实现普及，相关产业链发展成熟。碳汇资源进入深度开发阶段，碳汇经济逐步成型。

（4）攻坚碳中和（2051—2060年）。2060年是我国实现碳中和的关键时间点。这10年属于碳中和的关键攻坚期，同期绝大多数发达国家按照现有目标已经实现了碳中和。在能源供给侧，我国依然需要保持对可再生能源的投资力度，以实现非化石能源消费比重达到80%的目标。在碳中和目标压力下，我国各行业深度脱碳需求激增，将刺激氢能需求增长，此时氢能技术已经发展成熟，氢能"制储输用"全产业链成型，相关基础设施建设已比较健全，氢能社会加速构建。在用能侧，交通领域中新能源汽车技术高度发达，这一阶段的主要任务是完成交通电动化的"最后一公里"，使新能源汽车保有量的比重达到90%以上；工业领域已经实现了高水平清洁低碳生产；节能环保材料、热泵技术等广泛应用于建筑领域。在负碳产业方面，CCUS技术广泛普及，实现高度市场化、规模化发展；碳汇经济发展成熟；新型负碳技术如直接空气碳捕集（Direct Air Capture，DAC）等实现商业化发展，在分布式场景和细分领域发挥"深度脱碳"作用。到2060年，我国有望如期实现碳中和目标（见图2-2）。

---

❶ 所谓绿氢，是指利用可再生能源和电解水制氢技术生产出的氢气。这种氢气在生产过程中不会造成二氧化碳排放，而作为能源使用时(如直接燃烧或者参与燃料电池反应)，也只会产生水，因此被人们认为是纯正的绿色新能源。

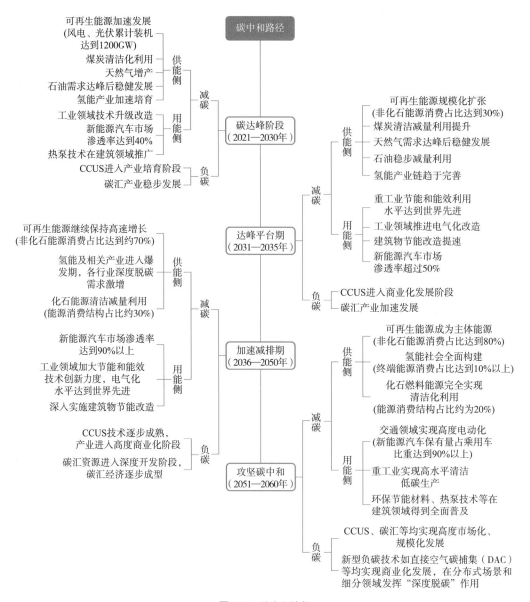

图 2-2　碳中和路径

2.3　能源转型途径

推动能源绿色低碳转型是实现碳中和目标最关键的任务。从图 2-3 可以看出，在整个 20 世纪中，化石能源一直在全球一次能源消费结构中扮演主导角色，前五十年是煤炭，经过短暂更替后，石油从 1970 年代开始成为新的主导能源。进入 21 世纪，风电、光伏等可再生能源技术发展迅速，经济性得到大幅提升。与化石能源相比，此类可再生能源项目对资源禀赋的要求较低，开发方式更加灵活，既可以在戈壁、荒漠、草原等地进行集中式大规模开发，也可以贴近用户侧，采用分布式的建设方式为家庭、学校或商业场所供能。未来，能源开发和利用方式将因可再生能源技术的发展而发生颠覆性变革，可再生能源在全球一次能源结构的比重将呈现加速上升趋势，预计在 2035 年超过石油成为主体能源，到 2050 年接近 60%。如果叠加水电、核电等其他能源，则非化石能源在全球一次能源结构的比重或将达到 75% 以上。由此可以看出，为实现碳中和目标，全球能源结构将经历一次重大变化，以传统化石能源为核心的能源体系正在加速蜕变，取而代之的将是以风电、光伏等可再生能源为主导的新型能源体系。

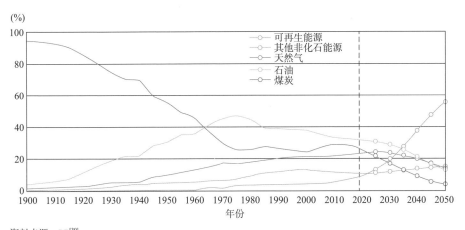

资料来源：BP[30]

图 2-3　英国石油 BP 关于全球一次能源消费结构变化的预测

注：其他非化石能源包括水电和核能。

既然推动能源转型是实现碳中和的必然选择，如何实现从传统能源体系向新型能源体系的转变呢？我们提出的方案是"能源四化"：化石能源清洁化、清洁能源规模化、多种能源互补化、终端用能电气化（见图 2-4）。

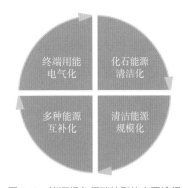

图 2-4　能源绿色低碳转型的主要途径

2.3.1 化石能源清洁化

通过分析煤炭、石油和天然气等主要化石能源从勘探开发到使用全生命周期的碳足迹，可以把化石能源清洁化分为两大部分：一是化石能源生产过程的清洁化，二是化石能源使用过程的清洁化。

1. 化石能源生产过程的清洁化

从煤炭的生产过程来看，其碳排放主要来自生产用能、瓦斯排放和矿后活动（如露天开采、废弃矿井等）三个环节。其中，瓦斯排放是煤炭生产过程中最主要的碳排放来源，占据煤炭开发过程碳排放总量的 56.7%[31]。煤矿瓦斯的主要成分是甲烷气体，还有少量乙烷和丙烷等烷烃物质。由于这些气体与空气混合后遇明火会发生爆炸，考虑到作业安全，煤矿内部的瓦斯气体通常需要经过矿内通风系统进行稀释，使得甲烷浓度低于 0.75%。然而，这种安全措施却造成了大量的甲烷排放，产生严重的温室效应。为此，实现煤炭生产过程的清洁化首要的就是减少瓦斯气体向空气中的直接排放，加强煤矿瓦斯抽采利用技术的研发和应用，大比例提升煤矿瓦斯的抽采率和利用率。另外，就是加快探索煤炭开发的新技术、新模式，如采用煤炭资源原位气化工艺和技术等，从源头上解决瓦斯排放的问题。此外，生产用能也是另一大碳排放源。目前，已经有矿区开始探索利用清洁无碳的风电、光伏等新能源技术，并且在有条件的地方推动煤矿区煤与地热能耦合发电/供热技术的应用，这一系列举措旨在减少煤、柴油等化石能源在生产端的使用，实现生产用能的清洁化。

石油和天然气在生产过程中的排放与煤炭有着相似之处，同样聚焦甲烷气体的排放管控，其中天然气领域的排放量较石油领域更大。从勘探开发和生产环节看，火炬燃烧、工艺放空排放和设备泄漏等均是重要的排放源，而非常规天然气开发过程中的水力压裂及排液，也会造成不同程度的甲烷排放。相比于煤炭行业，油气行业的甲烷减排潜力更大，主要由于甲烷本身具有较高经济价值，并且油气管网基础设施可以有效地将甲烷气体进行汇集外输，因此产生的经济收益十分显著[32]。从技术上看，对于有组织的甲烷排放如火炬燃烧、工艺放空等，可对原有生产工艺进行改良，如采用低排放完井技术，或者将由高压天然气驱动的气动泵更换为由压缩空气驱动的气动泵或者电动泵等，这些都可以在一定程度上减少甲烷排放。对于无组织的甲烷排放如生产设备或运输管线的气体泄漏，可采用泄漏检测与维修（Leak Detection and Repair, LDAR）技术。这项技术主要包括五大要素，即组件识别系统、定义泄漏标准、组件监测、组件修复和记录保存[33]，旨在利用先进检测手段和信息技术构建甲烷检测体系，对设备的甲烷泄漏点进行识别和检测，从而及时发现泄漏情况并采取果断措施对设备进行修复和替换[34]。在石油和天然气生产用能方面，可再生能源替代工程也在稳步进行，如原挪威国家石油公司 Equinor 计划在北海海域建设一个包含 11 台 8MW 漂浮式海上风电机组的发电项目（Hywind Tampen），拟为周围 5 座海上油气生产平台提供绿色电力。其他石油公司包括壳牌、道达尔及中国的"三桶油"也均在增加可再生能源项目投资，以降低油气生产的碳排放强度。

2. 化石能源使用过程的清洁化

化石能源的主要消费领域集中在电力、化工和交通领域。其中，电力领域的二氧化碳排放量最大，其排放量占全球排放总量的比重在 2020 年达到了 36.5%。从电源结构看，火力发电（以燃煤发电和天然气发电为主）的发电量比重超过了 60%，而我国的比重甚至高达 70% 以上（主要以燃煤发电为主）。为了减少甚至清除这部分的碳排放，普及 CCUS 技术至关重要，它是实现化石能源清洁低碳利用的关键。该技术主要包含三个环节，即捕集、利用和封存。捕集（Capture）是指利用碳捕集技术将二氧化碳从发电、工业生产的废气中分离出来。利用（Utilisation）是指对二氧化碳进行物理或化学利用，例如提纯后的"食品级"二氧化碳可以用于碳酸饮料的生产，或者与氢气合成甲醇、甲酸等化学品；还可以把二氧化碳注入油层中以提高油田采油率。封存（Storage/Sequestration）是把从工业、发电等领域捕集的二氧化碳经压缩后注入地下咸水层进行永久封存[35]。我们会在第三章中对此项技术进行详细介绍。

化工行业也是化石能源的消费大户。据统计，全球化工行业二氧化碳排放量在疫情前的排放规模约为 875Mt/a，随着世界经济逐步复苏，若不采取减排措施，预计到 2030 年或将达到 1Gt/a 以上[36]。化工领域的排放主要来源于化石燃料的燃烧以及化学过程中的排放，其中大型公用锅炉、各过程的加热炉、催化重整装置和催化裂化装置等均是二氧化碳的主要排放源。在目前以化石燃料为能量和原料来源的化工体系中，改良生产工艺、提高能源效率、推动能源梯次利用和回收等是比较可行的方式，可以在一定程度上降低碳排放水平。一些化工企业也开始利用 CCUS 技术对二氧化碳进行捕集，并同时推动电气化改造，拟用绿色电力替代传统化石燃料的燃烧。

化石能源的另一大应用领域是交通运输。汽车的使用是交通领域碳排放的主要来源，由于汽车分布范围广，排放源分散，汽车领域的控排一直是世界性难题。目前主要的方式是提高汽车排放标准，淘汰高排放车辆；提升机动车发动机燃烧效率，降低油耗；采用乙醇燃料或推动油改气等，但这都无法从根本上解决排放问题。为此，纯电动汽车、插电混动汽车和氢燃料电池汽车等新能源车辆正在加速渗透到交通领域，以替代燃油车辆，"一劳永逸"地解决交通污染问题。航空运输也是交通领域的另一大排放源，其排放量占全球二氧化碳排放的 2.5% 左右。同汽车类似，目前航空领域的减排措施聚焦于提升航空发动机的燃烧效率，研制轻量化的新型客机，采用可持续航空燃料（Sustainable Aviation Fuel，SAF）等。纯电动飞机、氢燃料电池飞机等新型样机也正在进行试验飞行。在远洋航运方面，除了提升发动机燃烧效率之外，甲醇、氨动力、氢燃料电池船舶等新型船舶设计正在推广，而这些举措的本质是实现对传统化石燃料的替代。

2.3.2　清洁能源规模化

国际上关于清洁能源的定义尚存分歧，严格意义上讲，清洁能源是指不排出污染物的能源，可以直接用于生产生活，比如可再生能源，包括水能、太阳能、风能、海洋能和地热能等。此外，核能也被美国等主要国家列为清洁能源的一种。尽管切尔诺贝利事件和福岛核泄漏事件使世界民众对于核能的安全性产生了质疑，但是总体来看，全球核能发电技术已经发展成熟，在规范操作下，运行过程中不会向空气排放任何有害污染物。此外，核能是一种高能量密度的能源，一个拇指大小的铀燃料芯块所存储的能量相当于 1t 煤炭的能量！核废料的规模较小，如果在严格的操作规程下进行封存，核废料并不会对周围环境产生明显影响。最具争议的清洁能源品种则是天然气。尽管与煤炭相比，在同等热量下，天然气的二氧化碳排放量约为煤炭的一半，但由于其本质上属于含碳化石能源，国际上对于其清洁能源地位的认可程度不一，多数国家将天然气定义为清洁的化石能源而非严格意义上的清洁能源。无论如何定义，化石能源从高碳向低碳发展的趋势已经不可逆转，可再生能源逐步替代化石能源的进程也在加速。

碳中和目标实现与否的关键在于能源结构中零碳能源能否成为绝对主力，而这又取决于可再生能源能否实现规模化的发展。从能源的发展历程中看，一种能源能否形成规模主要在于该能源的开发利用成本是否低廉，来源是否稳定可靠，以及资源储量是否丰富。根据国际可再生能源署（International Renewable Energy Agency，IRENA）的数据，可再生能源的经济性已得到显著提升，其中太阳能和风力发电的成本下降趋势最为明显（见图 2-5）。陆上光伏发电的平准化度电成本（LCOE）降幅最大，其 2020 年的成本已经较 2010 年降低了 85%，达到 0.057 美元 /kWh（约合人民币 0.36 元 /kWh），仅次于水电项目。尽管光热发电的 LCOE 在同一时段的降幅达到了 68%，而 0.108 美元 /kWh（约合人民币 0.69 元 /kWh）的发电成本依旧高于其他技术。陆上风电的发电成本在 2010 年时已经具备较好的经济性，而随着大型风力发电机组的投运和规模化效应的显现，其在 2020 年的 LCOE 已达到 0.039 美元 /kWh（约合人民币 0.25 元 /kWh），一举超越水电成为最具经济性的可再生能源发电技术。海上风电项目的经济性也得到了大幅提升，其 LCOE 相比于 2010 年的水平已降低了近一半，达到 0.084 美元 /kWh（约合人民币 0.53 元 /kWh）。相比而言，生物质、地热和水力发电技术的 LCOE 变化不大，基本保持在 0.038~0.076 美元 /kWh（约合人民币 0.24~0.48 元 /kWh），在资源禀赋较好的地区已具备与化石能源发电技术竞争的能力，正在因地制宜展开规模化部署。

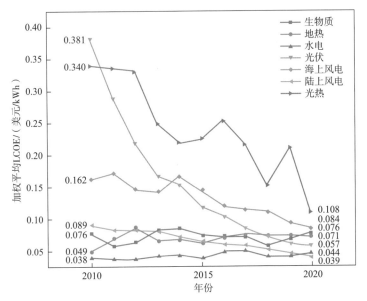

资料来源：IRENA[37]

图 2-5　2010—2020 年全球主要可再生能源发电技术平准化度电成本趋势

从当前全球一次能源消费结构看（见图 2-3），非化石能源的比重已经达到 20% 左右，其中非水可再生能源（以风电和光伏为主）的比重正在加速上升。截至 2021 年底，全球可再生能源电力装机结构中（见图 2-6），水力发电暂居首位，这主要源于水电项目开发时间早、技术成熟、成本较低等因素。光伏发电和陆上风电紧随其后，分别占比 27.5% 和 25.1%。在项目投资成本和发电成本均大幅下降的趋势下，风电、光伏的规模化发展动能正在加速放大。除了发电成本大幅降低之外，可再生能源的规模化潜力还得益于"触手可及"的资源优势。传统化石能源在地域分布上具有明显的区域差异。比如煤炭资源主要分布在印尼、澳大利亚、俄罗斯、美国等国，石油资源主要集中在俄罗斯、沙特阿拉伯、科威特及委内瑞拉等国，而天然气资源则基本垄断在俄罗斯、卡塔尔、澳大利亚等国手中。化石能源的资源禀赋差异是造成全球贫富差距的主要因素之一。相比而言，太阳能和风能等可再生能源资源遍布全球，尽管资源丰度也存在一定的地域差异，但远不及化石能源那样明显。

更加重要的是，可再生能源的发展大幅度降低了能源开发利用的门槛，推动了能源技术的普及。传统的石油、天然气等化石能源的开发生产属于典型的资本密集型、劳动密集型和技术密集型产业，行业具有高投资、高风险、高回报的特征，这导致能源行业的寡头垄断特征比较明显。而可再生能源特别是光伏和风电技术的突破，使得能源的开发形式正在从集中式向分布式发展。工厂、机场、商场及家庭住宅等场所均可建设分布式光伏（屋顶光伏）或者分散式风电项目，往常的能源用户"摇身一变"成了能源生产方，一方面能够解决自身用能问题，另一方面还可以将多余电力反向出售给电网企业，获得收益。这种能源开发新模式让绿色无碳的新能源能够渗透到社会生产生活的每一个方面，使民众能够享受清洁能源带来的便利，促进了能源的公平与普惠。

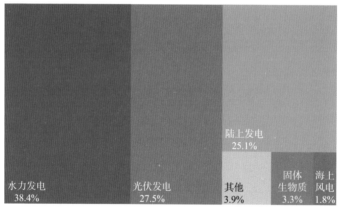

资料来源：IRENA[38]

图 2-6　2021 年全球可再生能源累计装机量比重

2.3.3　多种能源互补化

从 20 世纪 50 年代开始，全球能源结构中"一煤独大"的局面得以改善，石油和天然气的出现使得能源结构开始呈现多元发展的局面。由于人类社会的高速发展，终端能源需求的场景变得多样，不同能源"各司其职"，为人类生产生活提供电力、动能、热能及化工原料。目前，还尚未出现一种"万能能源"，可以凭一己之力满足人类社会对能源的所有需求，这主要源于能源"不可能三角"的定律。所谓能源"不可能三角"是指，不存在某种单一能源可以同时兼具稳定、廉价、清洁三个属性（见图2-7）。根据世界能源理事会（World Energy Council，WEC）的定义：稳定是指能源的稳定可靠供应，该指标用于衡量能源供应在受到外部影响时的可靠性和韧性；廉价是指能源的可获得性，该指标用于衡量能源的供应成本、资源储量和开发的难易程度；清洁是指能源对于环境的友好程度，该指标用于衡量能源全生命周期的碳足迹或者碳排放量大小，以及能源勘探、开发和利用对于环境的影响程度[39]。

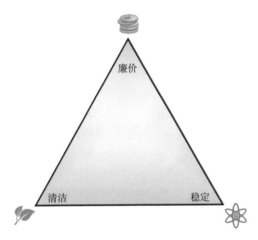

图 2-7　能源"不可能三角"

　　煤炭、石油、天然气等传统化石能源的价格和供应相对比较稳定，在廉价和稳定两个指标方面存在明显优势，这也是世界各国广泛使用化石能源的主要原因。然而，化石能源的碳排放强度惊人，对环境污染大，无法满足清洁低碳的要求。可再生能源虽然清洁且能源价格成本日趋低廉，但能源供应易受天气影响，具有周期性、间歇性和不稳定性的特征，特别是可再生电力的输出特性"难以捉摸"，危及电网的安全稳定运行。可以看出，在实现碳中和的过程中，构建一个高效、安全、清洁的能源系统至关重要，这要求传统能源与新能源扬长避短，通力协作，使得整个能源系统在稳定、廉价和清洁三方面达到平衡，"互补化"的发展趋势将是能源转型的重要特征。

2.3.4 终端用能电气化

由于可再生能源的利用途径主要以发电为主,这要求终端用能必须提高电气化水平,以消纳日益增长的可再生能源。图 2-8 显示的是疫情前全球终端能源消费结构占比情况。总体上看,石油制品消费占比最高,达到 40.3%;电力和天然气的消费比重分列第二和第三位,占比依次达到 19.7% 和 16.4%;煤炭和生物质燃料及废弃物在终端能源消费的比重均为 10% 左右。从终端能源的流向可以看出,石油制品如汽油、柴油和航空煤油等主要用于交通领域,其中公路运输的消费占据石油制品总消费量的近一半。电力和天然气的消费均集中在工业和建筑两个领域,且两者的消费比重相当。生物质燃料及废弃物和煤炭的消费领域各有侧重,前者集中在住宅用能,而后者则集中在工业领域。

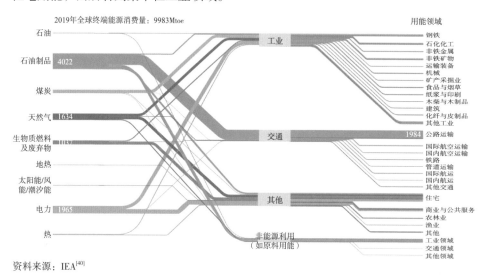

图 2-8 2019 年全球终端能源消费结构及流向情况

通过分析当前终端用能结构以及化石能源的流向可以筛选出电气化改造的重点领域。从绝对消费量看,交通领域特别是公路运输的电气化改造潜力巨大。为了逐步淘汰污染严重的燃油车,一些发达国家已经宣布燃油车禁售时间表。挪威是最早提出燃油车禁售的国家之一,该国计划在 2025 年全面禁售燃油汽车;德国联邦参议院已正式通过决议,计划在 2030 年禁售内燃机车型;英国的交通部门战略提出了在 2040 年之前禁售燃油车的计划;我国海南省也已发布规划文件,计划于 2030 年禁售燃油车辆。在政府的政策指引和汽车行业合力推动下,纯电动汽车、插电混动汽车以及氢燃料电池汽车的推广已经取得明显成效。在疫情后油价居高不下及新能源汽车扶持政策的联

碳中和与氢能社会

合驱动下，新能源汽车的渗透率正在加速提升，交通全面电气化的进程或将提速。

其次是工业领域的电气化改造。从排放源看，钢铁是工业领域的碳排放大户，同时也是电气化改造潜力最大的行业。钢铁行业主要采用的是传统的高炉炼铁工艺，需要大量的煤粉作为燃料为炼铁提供高温环境，并同时作为还原剂将铁矿石还原成生铁，而这个过程将造成大量的二氧化碳排放。为了减少这部分排放，包括我国在内的多个国家正在开发氢冶金技术，利用氢气替代煤粉作为铁矿石的还原剂。还有部分欧洲国家正在大力推广短流程电炉炼铁工艺，利用电加热的方式替代化石燃料的燃烧，这将在一定程度上解决二氧化碳的排放问题。

建筑领域的电气化改造潜力同样可观。在民用住宅中，采用电热炉、智能变频电磁灶替代天然气灶可以显著降低居民的天然气用量，一些欧美国家的家庭正在大范围推广此项技术。然而，这种方式对于习惯用明火进行烹饪的我国来讲是一种挑战，烹饪电气化技术的推广面临传统文化习俗层面的障碍。此外，在采暖方面，利用热泵、电热地暖等技术替代传统水暖也是未来的主要发展趋势。电气化的采暖方式可以实现对室内温度的精准调节，更能满足人们对供暖的各类需求，不过较高的电耗是当前遇到的主要问题，这有赖于低成本、高效率电采暖技术的创新和普及。

2.4 重点行业减排行动

国家减排政策需要依靠重点行业、重点企业的严格落实，这是决定碳中和目标能否实现的关键。

2.4.1 电力

电力行业的脱碳方向已经十分明显：一是从源头端着手，逐步停止燃煤发电厂的投资、建设和运营，同时大力发展光伏、风电等可再生能源发电项目；二是重视末端治理，加大 CCUS 技术研发、应用和推广的力度。德国已计划在 2038 年前完全淘汰煤炭，中、日、韩三国作为主要的煤炭消费国家已相继宣布不再建设境外燃煤发电项目，煤炭生产和燃煤发电企业正在朝着高端、低碳、多元的煤化工产业发展，并大举进军可再生能源、氢能等业务领域。在推动末端治理方面，CCUS 已经是公认的有效技术，我国华能集团、国家能源集团、中国石化等大型能源企业已开展全流程二氧化碳捕集和地质封存示范工程建设运营，并逐步形成了 CCUS 的技术体系，关于该技术的具体细节将在下一章详细介绍。

除了推动清洁能源技术和负碳技术的大规模应用之外，建立健全电力市场机制，推动电力市场化改革，也是促进可再生能源电力的规模化发展和传统火力发电升级转型的重要手段。这些举措包括建立电力现货交易市场、开通绿电交易通道等，旨在更好地体现绿色电力的环境价值。此外，引导电力行业积极参与碳排放权交易市场建设，也将加速推动电力行业的减碳进程。

2.4.2　石油与天然气

对于油气行业而言，仅依靠减少上游油气勘探开发、生产、运输等环节的排放或提升天然气的产量均无法满足碳中和目标的要求。为响应政府号召和社会诉求，道达尔、壳牌和英国石油等欧洲石油公司正在加速调整自身战略，先后在 2020 年提出 2050 年前实现"净零"排放目标，并针对温室气体排放总量和强度设计了减排路线图，转型力度前所未有。值得关注的是，这些欧洲石油公司所宣布的"净零"排放目标不仅包含世界大部分石油公司的减排范围，即范围 1 和 2，同时还涵盖终端能源用户因使用其产品而产生的间接排放，即范围 3❶。这意味着，以上石油公司除了在油气勘探和开发生产环节采取减排措施以外，还将逐步减少油气产品的生产销售。取而代之的将是可再生能源电力、氢能等"零碳"业务的增长，传递出传统石油公司加速向综合能源公司转型的信号。

2.4.3　工业

1. 钢铁行业

工业领域脱碳首当其冲的是钢铁行业。钢铁行业是工业领域的重要组成部分，从粗钢产量上看，我国是全球最大的钢铁生产国，2021 年我国粗钢产量达到 1.03Gt，占据全球总产量的 54%。钢铁行业具有高耗能、高排放的特点。钢铁生产过程中，

---

❶ 所谓范围 1~3 是依据《温室气体核算体系》，将企业运营造成的直接和间接排放进行了分类：范围 1 是指在企业实体控制范围内，企业从事生产经营过程中所产生的直接排放，例如锅炉、燃气轮机、车辆等设施设备和炼油、化工等化学工艺过程所造成的排放；范围 2 是指企业自用的外购电力所产生的间接排放；范围 3 是指因企业从事生产经营活动所造成的其他间接排放。例如燃油机动车辆因使用燃油产品所造成的排放属于生产燃油产品油气公司的排放范围。

碳排放主要来自铁矿石还原成铁的过程，其中还原剂主要选用焦炭，因此会产生大量二氧化碳气体。该工艺一般为传统的高炉—转炉长流程，每生产 1t 粗钢就会排放约 2t 二氧化碳。目前，全球约 70% 的粗钢生产依赖此工艺，而我国在这方面的比重高达 90%，这导致我国钢铁领域的温室气体排放量超过 1.8Gt/a，占我国工业领域排放总量的比重超过 1/3。为了推动钢铁工业转型升级，我国在 2022 年发布了《关于促进钢铁工业高质量发展的指导意见》，指导钢铁行业绿色低碳转型。从主要举措上看，首先是淘汰过剩产能。我国基础设施建设特别是房地产行业已经走出繁荣期，钢材的需求量减弱，因此推动钢企压降钢铁产能是解决高排放最直接、最有效的手段。此外，国家还鼓励重点区域提高淘汰标准，淘汰步进式烧结机、球团竖炉等低效率、高能耗、高污染工艺和设备，引导钢铁行业工艺技术水平和能耗水平同步升级。其次是发展电炉炼钢工艺，将有条件的高炉—转炉长流程钢铁企业改造为电炉短流程。欧洲国家的钢铁企业为了降低碳排放量，已开始逐步推广电炉炼钢技术。该技术利用电弧加热手段提供热源，替代了传统化石能源燃烧供热方式，能大幅度降低炼钢的碳排放强度。其中采用废钢和电弧炉短流程工艺的碳排放强度可以降低至 $0.4tCO_2/t$ 粗钢的水平，较传统高炉—转炉工艺的二氧化碳排放强度下降 80%。另外，氢冶金技术也在加速应用，2019 年德国蒂森克虏伯钢厂杜伊斯堡 9 号高炉已正式启动全球首次高炉纯氢气注入试验，旨在用氢气代替煤粉作为还原剂，从而减少钢铁生产过程中的二氧化碳排放。我国宝钢湛江钢铁百万吨级氢基竖炉示范工程在 2022 年也正式开工，正在加速推动氢冶金在国内的示范应用。

2. 水泥行业

水泥作为现代社会的重要工业品，是住房、公路、铁路等基础设施建设的重要原材料，在社会生产生活中无处不在。据统计，2020 年全球水泥生产总量约为 4.3Gt，其中我国水泥产量占全球比重高达 55%，是世界最大的水泥生产国，而排名第二的印度，其比重仅为 8% 左右 [41]。尽管水泥的重要性不言而喻，但生产水泥的过程具有高耗能、高排放的特征，其中石灰石（主要成分是 $CaCO_3$）煅烧生成生石灰（主要成分是 CaO）的过程是二氧化碳集中排放的重要环节，约占全过程排放总量的 55%~70%。另外高温煅烧所需热量一般也由化石燃料燃烧提供，因此也会产生大量二氧化碳排放，约占全过程排放总量的 25%~40%[42]。从世界范围看，水泥行业的碳排放量约占全球碳排放总量的 7%，而我国水泥行业碳排放量占全国总量的比重约为 9%。同钢铁行业类似，受基础建设速度放缓和经济形势下行等因素影响，我国水泥的消费需求正在下滑，水泥行业产能过剩问题日益突出。

从减排路径上看，首先，水泥行业的目标是解决产能过剩问题，通过市场调节和政府监管等措施，压降水泥产能、强制淘汰落后产能，减少资源浪费。其次是从源头解决水泥生产的碳排放问题。水泥熟料是生产水泥最主要的原料之一，由石灰石等原料经高温煅烧后制成，过程中会产生大量二氧化碳。目前可行的方法是降低熟料在水泥原料中的比重，寻找新的替代原料，以此减少煅烧环节中的碳排放量。从全球范围看，熟料在水泥中的比例大约为72%，其中我国的比例约为66%[28]。理论上，水泥中熟料比例最低可以降至50%，取而代之的是造纸泥污、电石渣、炉渣等工业废弃物。因此在原料替代方面，水泥减排存在较大空间，但在原材料经济性、供应稳定性以及技术成熟度等方面存在较多问题，大部分国家还处于探索阶段[43]。再次是提升能源利用效率。比如减少水泥生产各环节的热量损耗，特别是提升水泥窑的隔热、保温效果。国际上主要提倡使用先进隔热材料，着力提升煤粉燃烧器的燃烧效率，使得化石燃料的燃烧效率最大化。寻求替代燃料也是未来的发展趋势，减少或者完全替代煤粉燃烧，取而代之的是生物质燃料，甚至是电加热炉。然而，水泥作为基础材料，对于生产各环节的成本特别是燃料成本十分敏感，推动燃料替代可能会大幅抬高水泥生产成本，导致产品经济性显著下降。最后则是利用CCUS处理生产过程中的二氧化碳排放问题，根据IEA的预测，到2050年，CCUS技术在水泥行业的累计碳减排贡献率或将达到55%[29]。

3. 石化和化工行业

石化和化工行业关系到社会生产生活的各个方面，涉及的领域广，是支撑国民经济发展的基础性行业。同钢铁、水泥等行业一样，该行业同样具有高耗能、高排放的特征。2020年，我国石化和化工行业能源消费总量达到685Mt标准煤，占全国能源消费总量的比重达13.8%，碳排放量占全国总量的比重约为4%~5%[44]。化石燃料燃烧和工业过程的排放是主要排放源，企业外购电、热以及与化工商品运输相关的排放量相对较少。为了实现碳减排，节能减排和能效提升是当前和未来较长一段时间内实现碳减排最有效的手段之一。这其中包括淘汰落后产能、加强全过程节能管理、提高化石能源燃烧效率、利用低品位工业热能等。其次就是从原料入手，石化和化工企业目前正在寻求绿色原料替代，利用可再生能源生产绿氢以减少灰氢❶的使用量。另外，提升生产过程的电气化程度可以有效减少化石燃料用量，

---

❶ 所谓灰氢，是以天然气、煤炭、石油焦等化石燃料为原料生产出的氢气。这种传统生产方式技术成熟、成本低廉，但会造成大量的二氧化碳排放，对环境造成严重污染。目前，市场上的绝大部分氢气均属于灰氢，约占全球氢气产量的95%以上。

同时还能引入可再生能源电力，从用能端解决碳排放问题。关于末端治理，比较可行的方式是采用 CCUS 技术，这是行业的普遍共识。

2.4.4 交通

交通领域是仅次于电力、工业之后的第三大排放源，全球二氧化碳排放量在疫情前一度达到 8.5Gt/a。根据 IEA 的统计数据，交通部门最大的排放源是公路运输领域，排放量比重约为 80%。其中小型汽车排放量超过六成，其次则是重型卡车和商用客车。水路运输和航空运输的排放量相当，比重均在 10% 左右，而铁路运输的排放量总体偏小，仅占 1%[45]。2020 年，我国交通运输部门的二氧化碳排放量在 950Mt 左右，占全国排放总量的比重约为 9%[28]。

1. 公路运输

从交通部门的排放结构看，首要的是解决公路运输环节的排放问题。目前短途运输的乘用车市场正在发生重大变化，纯电动汽车的销量屡创新高，汽车销售量的比重（渗透率）正在加速上升，尤其是在高油价时代下，电动汽车的使用成本优势凸显。在政策引导和市场需求双重促进下，一些传统的汽车制造商也在谋求绿色低碳转型。德国梅赛德斯 – 奔驰集团在 2019 年发布的 "2039 愿景" 中提出，将于 2039 年前彻底完成全系列产品电动化升级；韩国现代汽车计划在 2045 年前淘汰燃油汽车；德国宝马和日本本田公司的电动化目标实现则定在 2050 年[46]。可以看出，主流的燃油汽车制造商主动求变，均开始不同程度地进军电动车市场。同时，造车新势力正在崛起，美国特斯拉已成为全球最大的电动车制造商，其汽车销量占据全球首位，并在资本市场获得追捧，曾在 2021 年和 2022 年几度突破万亿美元市值，相当于彼时丰田、宝马、奔驰等其他市值排名在全球前十的汽车制造商市值的总和。我国电动汽车制造商也正在加紧追赶，呈现 "百花齐放" 的竞争格局，比亚迪、吉利、小鹏、蔚来汽车等快速发展壮大，市场占有率也在不断提升。有关电动汽车技术将在下一章节进行重点介绍。

在长途运输领域，氢燃料电池汽车被认为是替代重卡和长途客车的最佳选择。商用运输行业对于车辆的续航里程、加注时间以及载重量有较为严格的要求。相比纯电动汽车，氢燃料电池汽车在该行业有着明显的优势。通常情况下，氢燃料电池汽车在 10min 左右即可完成氢气的加注，与传统燃油汽车的加注方式相差无几。更重要的是，氢燃料电池汽车储能（储氢）系统的能量密度超过 800Wh/kg，比纯电动汽车的能量密度高出数倍以上。储能系统能量密度高意味着当重量相同、续航里程相同时，氢燃料电池汽车的载货量要远高于纯电动汽车，因此前者被认为是取代长途重型卡车及客车最有效、最具前景的交通技术。

2. 水路航运

相比于公路交通，水路航运碳排放比重虽然不高，但减排难度并不低。当前的动力电池技术仅适合小型、短途运输工具，对于大型、长途远洋运输方式并不适用。氢燃料电池虽然在加注时间和能量密度方面优于动力电池，但是氢气的存储问题限制了其远洋航运的潜力。为此，使用生物质燃料是目前比较可行的方案，但是该燃料受自然条件和土地资源限制，仅能在特定区域使用，很难在全球大规模推广。相对而言，绿色甲醇、绿氨可能更有潜力。这两种燃料可通过电力多元转化技术（Power-to-X）将捕集而来的二氧化碳或空气中的氮气与绿氢进行反应而得到。由于甲醇在常温常压下属于液态，而氨气在零下 33.5℃ 即可液化，这两种燃料较氢气更易存储和运输。根据英国劳氏船级社对船舶运输领域减碳路径的预测，以绿色燃料为动力的船舶在 2050 年的市场占有率将超过 70%，而液化天然气（Liquefied Nature Gas，LNG）动力搭配碳捕集设施的船舶也将占据一定的市场份额[47]。

3. 航空运输

航空领域的排放与水路航运的规模类似，但其减排难度并不亚于后者，这主要源于航空运输对于体积和重量的敏感程度远高于水路航运，对减排技术的要求更高。特别是长途客运和货运飞机，根据目前动力电池的能量密度以及未来的发展潜力，航空领域实现全电动运行的可能性较低。相比之下，氢动力飞机有望在支线和短途运输方面占有一席之地。美国 ZeroAvia 公司已在 2020 年成功地进行了氢燃料电池小型飞机的首飞，并计划在 2030 年前后将氢动力飞机推向市场。2021 年，法国空中客车公司已经公布了氢动力飞机研发时间表，计划在 2035 年推出首架氢动力短途商用飞机。此外，波音公司、巴西工业公司、英国罗罗公司等均在研制或已推出氢动力飞机概念机或验证机。尽管如此，氢气的存储难题在一定程度上限制了氢能技术在航空领域的发展空间。根据 IEA 的判断，航空业的减排还将主要依赖清洁燃料替代的途径，采用可持续航空燃料（SAF）进行减排，这主要包括生物燃料和合成燃料，其中前者是由有机生物质所生产的，而后者则是以绿氢和二氧化碳为原料合成的液态轻烃燃料。使用可持续航空燃料的代价则是高昂的成本，以2021 年全球首架使用可持续航空燃料的飞机为例，其燃料成本是传统航空煤油的

3~6 倍^[48]。总体来看，根据现有技术，航空运输业还无法彻底淘汰航空煤油，换言之，航空运输业或难以实现完全的"净零"排放。

2.4.5 数据中心

像美国的苹果、亚马逊、微软以及我国的字节跳动、阿里巴巴等均是全球大型科技和数据服务公司，它们每天在为人们提供便利服务的同时，也消耗着巨量的能源，已成为不可忽视的碳排放大户。在信息化时代，人工智能、大数据、物联网和5G 通信技术加速普及，这些领域对于数据服务的需求日益升高。为了维持海量数据的交互，数据中心的电力消耗呈指数级增长，每年的耗电量就超过 200TWh，约占全球年用电量的 1% 左右，其中超过 1/3 的电能用于数据中心设备的冷却^[49]。随着"元宇宙"等新概念的推出以及信息产业的持续扩张，数据中心的耗电量预计还将加速增长，到 2030 年用电量或可达到全球的 8% 左右^[50]。巨大的用电量意味着将间接导致大量的温室气体排放，而这正是人们常常忽视的地方。

2020 年，苹果公司的碳排放总量为 22.6Mt。为积极应对气候变化，该公司已经提出在 2030 年实现碳中和的目标，并将减排范围覆盖至所有产品和服务，即范围 1~3。为此苹果公司已宣布其运营的所有设施将完全采用可再生能源，并要求100 余家供应商承诺使用 100% 的可再生能源电力^[51]。微软公司提出到 2030 年实现负碳（Carbon Negative）和零废弃物（Zero Waste）的目标，成立了规模为 10 亿美金的气候创新基金（Climate Innovation Fund），用于投资森林碳汇、产品供应链管理和碳排放管理等领域，帮助其实现碳减排目标^[52]。我国的科技公司也在"双碳"目标驱动下开始采取行动，阿里巴巴利用技术优势推出了智慧光伏云，通过分析天气情况和电力供需预测以提高光伏发电站的收益；京东、百度等公司也通过建设屋顶光伏项目为数据中心和仓储物流园提供绿色电力。

2.5 碳排放权交易机制

碳交易最初是由联合国为应对气候变化、减少温室气体排放而设计的一种创新机制，始于 1997 年《京都议定书》中的排放权贸易减排机制。政府为了控制碳排放总量，每年会设定全国或者区域内碳排放总额，并且逐年降低其额度从而实现整体减排的目标。碳排放额度按照一定规则转化为碳配额用于交易，参与碳排放权交易市场的主体包括重点排放单位以及符合交易规则的机构和个人。目前碳排放配额大多以免费形式进行分配，并将逐步引入有偿分配机制，重点排放企业全年碳排放总量不得超过此额度。若企业实际碳排放量低于碳排放配额，则差额部分可在市场中进行出售；若企业实际排放量高于碳排放配额，则企业可在碳交易市场购买碳排放权冲抵超出部分，或面临政府的巨额罚款。

2005 年《京都议定书》正式生效后，欧盟启动了世界上首个碳排放权交易体系（EU-ETS），覆盖欧洲 31 个国家和 1.1 万个排放设施，约占欧洲二氧化碳排放总量的50%、温室气体排放总量的 45%。截至 2021 年初，全球共有 24 个碳交易体系，包括欧盟碳市场、美国区域温室气体减排行动（RGGI）、韩国、新西兰和中国碳市场，覆盖了全球 16% 的温室气体排放，涉及电力、工业、民航、建筑、交通等多个行业，交易产品主要分为碳配额和自愿核证减排量。截至 2021 年底，全球主要碳市场的交易量已达到 15.8Gt 二氧化碳当量，交易额接近 7600 亿欧元。其中，欧盟碳市场的规模最大，交易额占全球比重超过 80%[53]。欧盟碳市场运行经验表明，在合理的配额制度和稳定的碳市场政策驱动下，碳排放权市场化运行不仅可以有效实现碳减排，同时还能推动绿色低碳技术革新，达到政府和企业双赢的目的。此外，欧盟碳市场还推动了碳金融产业的发展，提升了该地区在国际气候治理中的话语权，已成为欧盟到2050 年实现碳中和目标最主要的政策工具和制度保障。我国的碳市场建设始于 2011年，并先后在北京、天津、上海、重庆、湖北、广东和深圳等地开展了碳市场交易试点。在汲取了国外成熟碳交易经验和前期试点运行的基础上，我国于 2021 年正式启动了全国碳排放权交易市场，并开始由电力行业逐步覆盖至其他重点排放行业。

2.6　社会各层面的减碳作用

当前，碳中和运动正在席卷全球，为了实现"净零"目标，社会各阶层、各领域、各行业都需要为此努力，共同推动社会绿色低碳转型。

2.6.1　各级政府

中央政府既是碳中和工作的顶层设计者，也是减排行动的总指挥。国家层面制定气候变化政策只有通过各级政府强有力的执行才能真正落实到位。各级政府在实现碳中和的道路上承担着引导、支持和监管等多重责任，如果政府在关键环节缺位，则可能使碳中和工作裹足不前，甚至倒退。由于各地的资源禀赋、产业结构和经济水平不同，地方政府在执行中央决策的时候，需要因地制宜、科学地设计符合当地产业实际情况和特点的绿色低碳转型路径，在实施方案或中长期规划中应提出切实可行的发展目标，这样才有助于减碳工作的高质量推进。

2.6.2　金融机构

资金投入是实现碳中和必不可少的关键环节。根据高盛集团的预测，为实现"双碳"目标，到 2060 年，我国相关领域的累计投资额或将达到 16 万亿美元，折合超过 100 万亿人民币，相当于每年平均资金投入规模超过 2.5 万亿元！巨量的资金需求单靠政府投入是远远不够的。目前，银行、证券、保险公司等金融机构在政府的引导和支持下，已推出了一系列金融产品如绿色信贷、绿色债券、绿色股权等，绿色金融体系的逐步完善，将有效支持电力、工业、交通等各产业的减碳工作。

2.6.3　高校及研发机构

科技创新对于实现碳中和目标的意义已无须赘述。从人类科学技术发展历史看，大学和科研院所作为原创技术策源地和高端人才聚集地，是推动开创性理论和革命性技术诞生、发展与普及的重要力量。从光伏效应被发现到现代光伏电池的诞生，从氢气的发现到燃料电池的出现，一系列新的科学发现和技术发明都与大学和研究机构密切相关。目前，世界各大研究机构还在大力攻关钙钛矿等新型光伏电池技术，并积极寻求在制氢技术、氢气储运和燃料电池技术方面的突破，而其他能源利用方式如潮流能、温差能以及可控核聚变技术也正在成为各大高校及研发机构的研究热点。

一些大学为了支持原创技术从实验室、校园走出去，通过自建孵化器为创业技术团队提供资金、技术和人才等方面的支持，催生了许多革命性的创业公司。例如英国牛津大学衍生企业 First Light Fusion，该公司发明的高速射弹引发核聚变的技术，已让商业化核聚变发电逐步成为可能。在社会上，越来越多的地方政府、企业或投资机构也倾向于与高校和研发机构共建产业园或者创新合作平台，共同推动新技术走向市场。这种产学研一体化的发展模式正在为碳中和目标的实现打下坚实的基础。

2.6.4　社会公众

人与自然和谐共生是碳中和目标最为核心的本质，社会绿色低碳转型的过程离不开千千万万社会公众的参与。为此，加强低碳生活理念的推广，促进厉行节约、反对浪费成为社会的主流风尚，是一项长期且重要的任务。

——加强环保教育力度。重点关注未成年人的环保意识培养，在书籍、课本和校园活动的各个方面注入生态环保元素，使学生在耳濡目染和亲身实践中感受人与自然和谐共生的真实价值。另外，成年人的教育也至关重要，这需要媒体部门在宣传工作上提供支持，在电视广告、网络视频、公共场所及办公区域等投入环保公益广告，潜移默化地提升社会公众对碳中和及环保理念的认知水平。

——推广节能低碳技术。比如鼓励安装 LED 灯替代传统白炽灯。白炽灯的发光依靠灯泡内钨丝通电发热，其中绝大部分能量通过热能形式耗散，仅有不到 10% 用于发光。相比之下，LED 灯可以将电能直接转化为可见光，能量损耗极低，并且寿命是白炽灯的十倍以上，全生命周期的使用成本远低于白炽灯。还比如，采用环保节能的制冷设备。传统的空调、冰箱等依靠氢氟化物（HFCs）作为制冷剂，这种物质的升温潜势极高，温室效应十分显著。根据中国家用电器协会计算，如果我国家用空调全部更新为无氟技术，如采用 R290 制冷剂，则全行业的减排潜力可达 172Mt 二氧化碳当量。可见，节能技术的推广对于社会碳减排的贡献是十分显著的。

——提倡绿色低碳生活方式。首先是鼓励民众使用公共交通工具出行，短途交通可以通过共享单车、共享电动车甚至步行等方式替代。其次是持续出台扶持政策，通过补贴、税收减免、不限行等方式激励民众购置新能源汽车，加速淘汰燃油汽车。更重要的是加强价值引导，对于在践行生态环保理念方面有突出表现的先进案例给予奖励和宣传，对于破坏环境并造成巨大资源浪费的案件进行严肃处理。

以上举措还只是碳中和"千里之行"的一小部分，而真正重要的是让人与自然和谐共生的价值理念深入人心、形成共识，最终成为推动碳中和目标实现最有力的社会动力。

2.7　碳中和是一场协奏曲

碳中和是一项庞大的系统工程，需要社会各方的参与和努力。这项工程的核心要务是实现能源结构的重大转变，"能源四化"是完成这一转变的关键途径。从当前碳排放结构看，电力、工业、交通和建筑四大领域是主要排放源，根据以上领域的用能特点和排放特征，我们提出一系列减少碳排放的路线、方法和技术，包括提高能效、提升电气化水平、加快清洁能源替代、采用先进工艺等。

能源"不可能三角"理论告诉我们，将能源转型的希望全部寄托于可再生能源是不现实的，我们必须承认化石能源为能源系统安全稳定运行所提供的兜底保障价值。比如在电力系统中，火电扮演的是"稳定器"的角色，可以为电网提供必要的转动惯量，以增加电网频率的稳定性，支撑电网的安全、稳定和高效运行；在化工领域，煤炭、石油、天然气是重要的原料，许多生活必需品如塑料、合成橡胶、合成纤维等均依赖化石能源的供应。可见，实现碳中和需要依靠多种能源相互补充，并借助碳中和技术的有力支撑。

最关键的是，实现碳中和就好比指挥一场协奏曲，既需要依靠政府连续、稳定的政策支撑，也需要各行各业的统一行动，还需要社会各层面特别是广大民众的通力配合，唯有如此，我们才能顺利地实现碳中和的美好愿景（见图 2-9）。

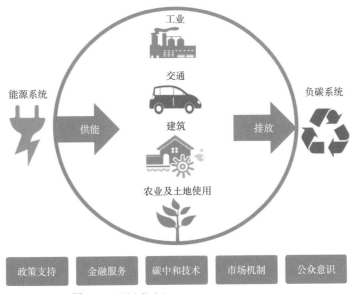

资料来源：德勤[44]（基于原图有修改）

图 2-9　碳中和实现的基本元素

3

碳中和技术 第三章

碳中和技术的创新和应用对于应对全球气候变化至关重要，在很大程度上决定着碳中和目标的成败。国际上关于碳中和技术尚无明确的定义，一般是指能够直接或间接降低碳排放量、有利于实现碳中和目标的技术。根据碳排放情况可以大体分为低碳技术、零碳技术和负碳技术三大类，图 3-1 列举了一些典型技术方向。其实，普通公众对于碳中和技术并不陌生，比如交通信号灯上的太阳能电池板、丘陵地带鳞次栉比的风力发电机、公路上呼啸而过的电动汽车等，这些都是重要的碳中和技术。不过，碳中和技术的"工具箱"中"藏着的"可远远不止这些，它还包括比如储能、CCUS 及氢能等其他技术。面对海量的技术方向，它们减排潜力的大小成为决策部门、研究机构、资本市场等多方关注的焦点。国际可再生能源署（IRENA）对不同技术的减排潜力进行了研究，结论认为节能与能效提升、可再生能源、负碳技术、电气化技术和氢能等 5 类碳中和技术最具发展潜力。根据 IRENA 关于 2050 年前全球实现碳中和的模拟结果显示，节能与能效提升技术和可再生能源技术的累计碳减排贡献比重相当，均为 25%；负碳技术、电气化技术及氢能的减排贡献比重分别为 20%、20% 和 10%。在本章中，将参考以上研究结论，选取典型碳中和技术方向和细分技术案例进行介绍，拟为读者展现当前和未来碳中和技术的发展现状与趋势。

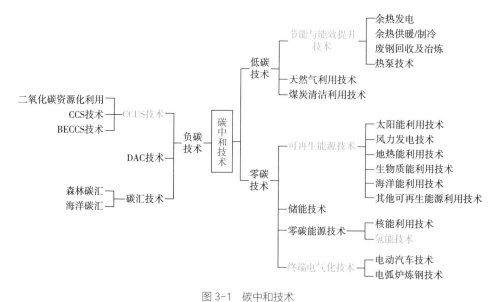

图 3-1　碳中和技术

3.1 节能与能效提升

尽管新能源技术正在世界各地蓬勃发展，但针对传统能源领域的节能及能效提升技术也同样能大幅改善碳排放情况，它的累计减碳贡献程度与可再生能源不相上下，被广泛认为是当前最易实施、效益较好、见效最快的减排手段。该类技术一般可以分为两大类，一是能源节约和利用效率的提升，二是余热、废气等弃置能源的梯级利用及回收。

宏观层面看，一个国家的用能效率水平可以通过单位 GDP 能耗来进行衡量。图 3-2 显示的是世界主要经济体在 2000—2019 年每千美元 GDP 能耗的变化情况。总体上看，全球主要经济体的能耗强度在此时间段内均有不同程度的降幅，其中我国的能耗强度下降得最快，降幅达 40%，而其他经济体的能耗强度降幅在 30% 左右。从绝对能耗强度看，欧盟一直处于全球最低水平，美国和印度与全球平均能耗强度相近，而我国的能耗强度与其他国家还存在较大差距，基本是欧盟的 2 倍以上。

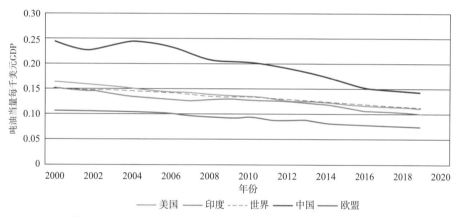

资料来源：IEA[56]

图 3-2　2000—2019 年全球主要经济体单位国内生产总值能耗情况

单位 GDP 能耗的下降使我们可以用更少的能源创造更多的 GDP，同时也意味着更少的碳排放量。根据 IEA 的测算，若 2030 年世界平均能耗强度能够降至 2020 年的 2/3，全球能够以 2020 年的能源消费量，创造出相当于 2020 年 150% 的 GDP 总量。由此可见，节能与能效提升技术对于能源消费和碳减排所产生的影响是显而易见的[55]。因此，针对工业、交通和建筑重点排放领域开展技术改进和工艺升级将是当前和未来较长一段时间的重要任务。尽管这三大行业均有较长的发展历史，技术和工艺已经比较成熟，能效也达到了较高水平，但依旧存在十分可观的提升空间。

3.1.1 工业

工业部门是全球最大的碳排放源之一，我国作为制造业大国，有超过 1/3 的碳排放来自该领域[57]。提升能效水平将有效改善工业领域碳排放情况，可以达到"立竿见影"的效果。

1.钢铁

钢铁行业是工业部门中能耗最高、排放量最大的领域，全球每年从该行业排出的二氧化碳量大约为 2.6Gt，这主要源于钢铁行业对于煤炭的高度依赖。煤炭在炼钢工艺中不仅作为燃料提供热量，同时也是重要的还原剂，可将铁矿石中的铁还原出来。根据 IEA 关于钢铁行业碳减排的分析，若延续当前的气候政策（STEP 情景），钢铁领域的二氧化碳排放量到 2050 年或上升至 2.75Gt/a；若采取积极有效的可持续发展政策（SDS 情景），钢铁领域的二氧化碳排放量到 2050 年或降至约 1.2Gt/a。值得一提的是，IEA 认为钢铁行业实现"净零"排放是一项既不现实也不具有效益的任务，相关投资将是天文数字，并且"净零"钢铁产品的价格也将随之暴涨，远超出市场能够接受的范围。因此，从可持续发展的角度看，钢铁行业绿色转型的最终目标并不是实现严格意义上的"净零"排放，而是在效益优先、技术可行、市场认可的基础上实现尽可能的低碳排放[58]。为了达到减排目标，碳中和技术尤为关键。图 3-3 显示的是 IEA 关于钢铁行业不同碳中和技术在 2020—2050 年

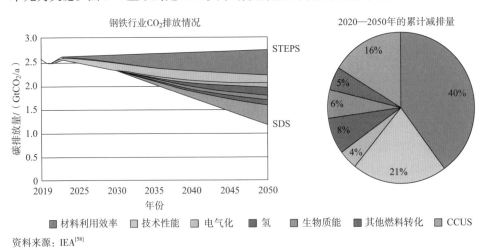

资料来源：IEA[58]

图 3-3　2020—2050 年全球钢铁行业减碳技术的累计减排贡献程度

　碳中和与氢能社会

的累计碳减排预测情况，可见不同技术及手段对于钢铁行业的碳减排贡献程度有明显差异。具体看，提升材料的利用效率（循环利用废钢、废铁等材料）的碳减排空间最大，在未来30年中或累计贡献40%的减排量，明显高于其他碳中和技术手段。

⚙ **典型技术**　废钢回收及冶炼

目前全球约70%的钢铁采用传统的高炉—转炉长流程工艺，而剩余部分则采取电弧炉短流程工艺。前者以铁矿石为原料进行生产，通常需要消耗大量煤炭作为还原剂和燃料，成本虽然低廉但碳排放强度高，碳排放强度在1.7~2.0tCO$_2$/t粗钢。后者则是以废钢作为原材料进行循环生产，采用电弧炉工艺，大幅减少了煤炭的使用，其碳排放强度可降至0.6tCO$_2$/t粗钢，但生产成本则更高。我国作为全球最大的钢铁生产国，高炉—转炉长流程工艺的产量比重高达90%以上，这也是造成我国钢铁生产碳排放强度居高不下的原因。

图3-4展示的是钢铁冶炼的工艺流程。高炉—转炉长流程工艺中，

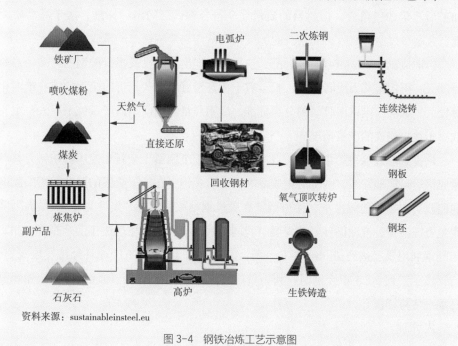

资料来源：sustainableinsteel.eu

图3-4　钢铁冶炼工艺示意图

煤炭或者天然气的使用主要集中在高炉环节，在此过程中，铁矿石在高温环境下被还原成生铁，其中化石燃料既作为燃料也作为还原剂，产生了大量的二氧化碳气体，排放量比重高达整个流程的2/3。相比之下，若采用电弧炉短流程工艺，废钢将作为炼钢的原料直接进入电弧炉进行熔炼。这种工艺不仅提升了热能利用的效率，也省去了铁矿石进入高炉的冶炼过程，大幅减少了化石燃料的消耗，从而降低了炼钢的碳排放强度。

废钢虽然从名称来看属于废弃物范畴，但是在钢铁领域中，废钢是重要的原材料，平均回收率可达85%，根据废钢来源可主要分为三类[58]：

自产废钢（Home Scrap）：这种废钢是在炼钢、轧制、精整过程中产生的瑕疵品。自产废钢不会离开炼钢厂，绝大部分会原地作为炼钢的原材料进行回炉重炼。此类废钢产量与当年钢铁总产量成正比。

加工废钢（Prompt Scrap）：这种废钢一般产生于钢铁加工车间，属于成品钢料加工后产生的边角料，但材料的质量完全符合钢铁厂的出厂标准，属于高品质废钢，几乎可以全部回收再利用。此类废钢产量与当年钢铁总产量成正比。

折旧废钢（End-of-life Scrap）：这种废钢产生于退役或报废的钢制产品，寿命跨度大，可短至几天或者数周，长至数十年甚至百年之久。折旧废钢的回收难度相对较大，取决于废钢回收时的分类标准，废钢产量与当前钢铁产量关系不大，主要取决于往年钢铁的产量情况。

从提升能效水平的角度看，自产废钢和加工废钢属于全新未使用的钢料，其产量应该尽可能地缩减，降低炼钢废品率同时避免钢料在加工阶段的浪费。折旧废钢的回收可以提升能效水平，使得钢铁在服役期结束后还能"焕发新春"，最大限度避免资源浪费，推动循环经济发展。我国废钢回收利用量呈现逐年上升趋势，2020年废钢利用量已达到260Mt左右，而国家颁布的《"十四五"循环经济发展规划》已提出了"到2025年废钢回收利用量达到320Mt"的目标，预计我国钢铁能效提升水平将持续提升。

2. 水泥

水泥是一种灰色的粉末颗粒，遇水或者在潮湿环境中会发生硬化（水硬性特征），可以把沙、石等坚硬物质胶结起来，水泥硬化后不仅强度极高，并且可以抵挡"风吹日晒"以及盐雾的侵蚀，是理想的建筑材料。水泥根据其主要的水硬性物质可以分为硅酸盐水泥、铝酸盐水泥、铁铝酸盐水泥等，其中硅酸盐水泥最为常见。图 3-5 显示的是传统水泥生产的工艺流程。首先是生料的准备，一般采用石灰石（主要成分是碳酸钙）作为原料，并将其送入生料磨车间进行研磨。研磨结束后，生料将被送入静电除尘器进行除尘，随后进入生料均化库。接下来就是熟料的生产过程，生料先被送入悬浮预热器进行加热，完成预热和预分解，再送入回转窑内部进行煅烧。生料转化为熟料的温度一般在 1300~1450℃，这要求回转窑内部的火焰温度须达到 1540~1700℃。在此过程中石灰石中的碳酸钙受热分解为氧化钙，是水泥生产能耗最高、二氧化碳排放量最大的阶段。下一阶段是熟料的加工处理，熟料在回转炉完成煅烧后，经历烧结、冷却过程，再进入熟料仓储存。随后，熟料还将依次经历研磨，与石膏、矿渣等其他物质混合及空气分离等阶段，最后产生的成品水泥将被存于水泥料仓中，通过水泥专用车或者散装形式对外销售。

在以上生产过程中，水泥生料在高温煅烧时受热分解产生的二氧化碳排放量占全部排放量的一半以上，而剩下的碳排放主要来自化石燃料的燃烧（一般是煤）及

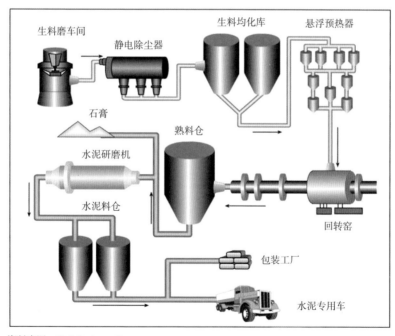

资料来源：Civil Engineers Forum

图 3-5　水泥生产工艺

少部分电力消耗产生的间接排放。从全流程看，每生产 1t 水泥的二氧化碳排放量在 0.55t 左右，经工艺改进并采用清洁燃料和 CCUS 技术，未来有潜力降至 0.03t 的水平[28]。然而，水泥作为基础原料，工艺上已经非常成熟，技术门槛低、产品附加值小、行业竞争激烈，产品价格极易受到能源价格和原料价格的影响，若通过清洁燃料替代或者电气化改造的方式实现碳减排，虽然理论上可以实现，但是现实中将大幅抬高水泥价格，经济上并不划算。为此，减少预加热、煅烧、焙烧过程中热量的损耗，或将低品位热能进行有效利用都是提升综合能源利用率比较可行的做法。

⚙ **典型技术**　**水泥窑余热发电技术**

　　利用水泥窑的余热进行发电是目前应用得比较广泛的技术之一。水泥悬浮预热器和回转炉中因化石燃料燃烧产生了大量的高温废气，它们通常被直接排放至空气中，造成大量的能源浪费。为了提升水泥生产过程中的燃料利用效率，这些余热可以被回收并用来发电。图 3-6 展示了水泥窑

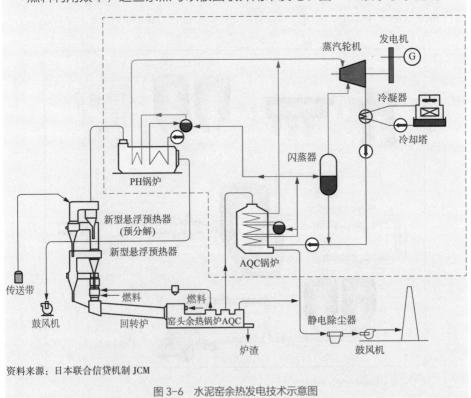

资料来源：日本联合信贷机制 JCM

图 3-6　水泥窑余热发电技术示意图

余热发电技术示意图。从图中可以看出，水泥生产过程中的余热来自两个部分，即回转炉出口（窑头）和预热器（窑尾）排出的废气。在蒸汽发电系统中，窑头采用 AQC 锅炉，窑尾采用 PH 锅炉。系统中一部分水通过热交换器被直接加热成过热蒸汽，进入汽轮机做功发电，还有一部分水经 AQC 锅炉低温段加热后，通过闪蒸器变为低压闪蒸蒸汽，随后通过汽轮机的低压入口做功发电。蒸汽做功完成后，将通过冷凝器冷却，随后进入下一个发电循环。采用这项发电技术，可以明显降低水泥生产过程中的能耗，在减少碳排放的同时还能提升经济效益。

3. 化工

化工行业同钢铁和水泥一样，均属于高耗能、高排放的行业，其中因生产初级化工品导致的直接二氧化碳排放在 2020 年约为 920Mt，占全球碳排放总量的 3% 左右，仅次于钢铁和水泥行业[59]。我国的化工规模位居全球首位，行业快速发展，在过去十年内产量规模增幅超过 85%，贡献了全球一半的增量。其中，煤化工技术的高速发展带动了我国化工行业的整体扩张，合成氨和甲醇产量已经分别达到全球总产量的 33% 和 50% 以上[28]。化工产业规模的不断增大也导致了碳排放问题的日益突出，2020 年我国石化和化工行业能源消费总量已经达到 685Mt 标准煤，占全国能源消费总量的 13.8%[44]。二氧化碳的排放主要来自化石燃料燃烧的直接排放以及生产过程中的排放，两者的排放比重可以达到八成左右，剩余的排放来自外部电力和热力供应产生的间接排放。

与其他领域类似，化工行业的减排手段主要分为能效提升、清洁能源替代、减碳技术等方式，其中能效提升带来的减碳效果和潜力十分突出，该方式相比于其他减碳手段而言，在短期内的经济性和实操性最佳。目前可行的能效提升技术包括以下几种[44]：

换热网络继承优化技术。该技术基于夹点分析与数字规划的方法，精确模拟出炼厂全域及单装置换热网络，分析诊断换热网络运行情况，结合厂内限制条件和用能情况，自动计算优化路径，并提供详细的方案设计，提升了厂内能量的优化配置和综合利用效率。针对千万吨级常减压装置而言，采用该技术每年可减少二氧化碳排放 20~30kt，每年经济增效最高可达 3 千万元。

蒸汽动力系统优化技术。通常情况下，蒸汽动力装置需要通过几道能量转换过程，即化石燃料燃烧生成的热能经过热交换装置对蒸汽进行加热，随后蒸汽推动动力装置产生机械能。这其中存在多个能量损耗的环节，如果能有效降低能量转换的损耗，能效提升效果是显而易见的。此项技术同换热网络继承优化技术类似，同样采用数字化模拟技术，通过建立模型，对蒸汽系统设备和动力源驱动、蒸汽网络、蒸汽平衡装置进行优化升级，每年可实现二氧化碳减排 25~60kt 不等。

低温余热高效利用技术。该技术与水泥行业余热利用技术类似，通过回收生产过程中的低温余热进行梯级利用，中高品位的余热（超过 400℃）可以用来发电，而低品位余热则可以被利用在供暖领域，成为热电厂和锅炉房供暖的补充，缓解北方城市冬季供暖的压力。据统计，对于一家规模为千万吨级炼厂而言，提高 10% 的余热回收利用率，可对应减少 40kt/a 的二氧化碳排放。

氢气资源高效利用技术。加氢工艺在石化领域广泛应用，而氢气目前主要的生产方式以煤制氢和天然气制氢为主，能耗高且污染大。通过采用氢气资源高效利用技术，炼厂可以强化氢气管理，从氢气资源回收利用、临氢装置节氢管理和氢气网络优化三个方面提升氢气的利用效率，减少氢气的损耗，从而能够降低二氧化碳的排放量。对于一家千万吨级的炼厂而言，采用该技术每年可实现减碳 20~30kt，提升经济效益高达 6 千万元。

3.1.2 交通

与其他部门略有不同，交通部门的碳排放源非常分散，特别是公路交通领域，小型汽车保有量的逐年攀升带动了汽柴油的消费，导致污染日益严重。此外，全球贸易、商业和文化交流日益密切，使得航空和航运的需求日益增加，进一步推高了交通部门的碳排放量。

1. 公路运输

公路运输是交通部门最大的排放源，碳排放量占比高达 80%。其中，有超过 6 成来自小型汽车，剩余则是重型卡车和商用客车。为了降低交通部门的碳排放量，除了加快新能源汽车的普及之外，提升传统燃油车的用能效率也是在燃油车全面禁售之前最有效的减排手段之一。根据国际清洁交通委员会（International Council of Clean Transportation，ICCT）的测算，车辆能量损耗最大的部分来自发动机，燃料燃烧释放的能量只有不到 30% 能够直接转化为车辆的动力，而绝大部分能量则以热能的形式耗散至环境中[60]。在车辆行驶过程中，由于空气阻力、滚动摩擦和刹车等因素，通常会有 18%~25% 的能量损耗。此外，机械传动、发动机空转以及其他辅助设备用能等也存在一定的能量损耗。通过研究燃油车辆的能量损耗方式，我们可以针对性地进行技术改进以提升车辆的能效水平。目前燃油车能效提升技术主要分为 5 个类别，即先进内燃机技术、传动技术、车辆技术、热量管理技术和混动及电动化技术。其中，车辆技术中的轻量化是重点攻关方向，被认为是提升车辆用能效率的最佳方式之一[61]（见图 3-7）。

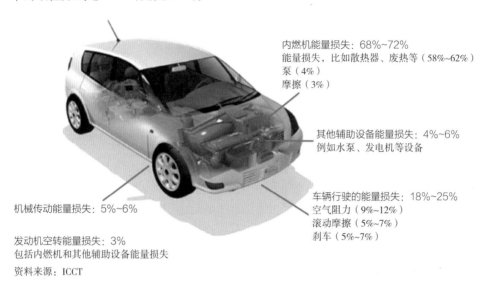

内燃机能量损失：68%~72%
能量损失，比如散热器、废热等（58%~62%）
泵（4%）
摩擦（3%）

其他辅助设备能量损失：4%~6%
例如水泵、发电机等设备

车辆行驶的能量损失：18%~25%
空气阻力（9%~12%）
滚动摩擦（5%~7%）
刹车（5%~7%）

机械传动能量损失：5%~6%

发动机空转能量损失：3%
包括内燃机和其他辅助设备能量损失

资料来源：ICCT

图 3-7 乘用车能量损耗情况

⚙ **典型技术** 　**汽车轻量化**

　　汽车车身结构主要以钢板为主，包含热轧钢、冷轧钢、碳素钢和高强度钢等。由于不同种类的钢板在成分上（比如含碳量）有所不同，其密度一般为 7.75~8.05g/cm^3，而轻质金属材料如铝合金的密度则在 2.64~2.81g/cm^3，约为钢材的 1/3[62]。传统汽车的车身重量重，耗油量普遍较高。对于同样的车型而言，减轻车身重量，可以直接降低汽车行驶相同距离时的油耗，并同时减少轮胎的滚动摩擦和汽车制动时的能量损失。根据测算，使用相同发动机的汽车，减少 10% 的车身重量将对应减少 5% 的油耗。轻量化技术的核心是先进材料的研发，主要分为以下

类别[61]:

高强度钢／先进高强度钢（HSS/AHSS）：此类钢材凭借出色的机械性能，可以在保证车身强度不变的情况下，减少钢材的使用量。根据中国的行业标准，低碳钢的屈服强度在 210MPa 以下，而高强度钢的屈服强度在 210~550MPa，先进高强度钢的屈服强度可达 550MPa 以上。沃尔沃、奥迪等海外品牌汽车以及我国自主汽车品牌如吉利、北汽等中高端车型已经开始大规模采用该材料以替代传统低碳钢，逐步实现轻量化的生产。

铝合金：全铝车身的制造已经成为轻量化技术的一个重要方向，一些高档汽车品牌如宝马、奥迪、捷豹等旗舰车型的车身已普遍采用铝合金材料。这种材料可使车身既符合应有的强度安全要求，又能大幅度降低车身重量，从而综合提升汽车的能效水平。高强度的铝合金板材的屈服强度一般可以接近甚至达到高强度钢的标准。如高端车型广泛使用的 AA7075 铝合金，其屈服强度可以高达 500MPa 以上，综合性能不输高强度钢。采用此类铝材可以使同等车型的重量降低 25%~40%，轻量化的效果十分明显[63]。不过，铝合金材料并非十全十美，一方面高强度铝合金的成本高昂，一般只会应用在高端车型上；另一方面铝合金的焊接难度高，工艺复杂，在加工制造和后期维修保养方面存在较大难度。

其他材料：除了以上两种材料之外，还有镁合金、钛合金、玻璃纤维复合材料、碳纤维复合材料等也被应用在汽车制造。这些材料主要用于车身以外非承重和受力的部分，包括制动踏板、传动轴、后门盖板、轮毂和车身侧围外板等。当然，高强度的玻璃纤维和碳纤维复合材料也被应用在包括 A/B/C/D 柱、车门以及底盘结构件上，使得整车重量大幅下降，但高昂的成本也使得该轻量化技术在当前难以大范围推广。

除了轻量化技术以外，先进内燃机技术也是能效提升的一个重要方向，如废气再循环系统（EGR）、缸内直喷技术（GDI）等均已得到了普及，显著提升了内燃机的热效率。然而，基于奥托循环原理设计的往复式内燃机存在热效率的天花板（理论最高值一般不超过 60%），而实际内燃机效率也仅能达到其理论值的一半左右，后期技术提升难度大，边际收益也将显著降低。为此，包括我国在内的多个国家开始另辟蹊径，大力研发电力驱动等新型动力技术，我们将在后面对此进行详细介绍。

2.水路航运

船舶运输的碳排放量在交通领域的比重明显低于公路运输，并且在同等运输距离下，其平均二氧化碳的排放强度（单位运输质量造成的二氧化碳排放）约为公路重型运输车辆的十分之一，为航空运输的百分之一[64]。根据 IRENA 对于航运领域碳减排的分析，在 2050 年碳中和情景下，能效提升将贡献 20% 的减排量，仅次于电气化和清洁燃料技术的贡献度[65]。与公路交通不同，船舶在航行过程中面临的情况更加复杂，因此除了提升发动机的燃烧效率之外，天气预测、船体保养检修、行驶路线规划和自动化行驶技术等都是提升能效的重要手段。图 3-8 展示的是船舶能效提升技术及对应的碳减排潜力。船舶发动机和螺旋桨装置的效率提升、船舶流体动力性能改进、船舶运行方式优化等均可以在一定程度上提升船舶的运行效率。

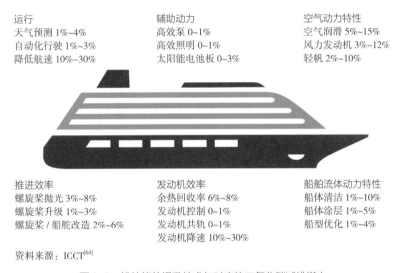

运行
天气预测 1%~4%
自动化行驶 1%~3%
降低航速 10%~30%

辅助动力
高效泵 0~1%
高效照明 0~1%
太阳能电池板 0~3%

空气动力特性
空气润滑 5%~15%
风力发电机 3%~12%
轻帆 2%~10%

推进效率
螺旋桨抛光 3%~8%
螺旋桨升级 1%~3%
螺旋桨 / 船舵改造 2%~6%

发动机效率
余热回收率 6%~8%
发动机控制 0~1%
发动机共轨 0~1%
发动机降速 10%~30%

船舶流体动力特性
船体清洁 1%~10%
船体涂层 1%~5%
船型优化 1%~4%

资料来源：ICCT[64]

图 3-8　船舶能效提升技术与对应的二氧化碳减排潜力

在航行过程中，船底和螺旋桨等水下部分将逐渐附着水生物，包括贻贝、海蛎、藤壶等，这些附着物将严重影响船体的流体动力性能，降低船舶的行驶效率。为此，船舶需要定期进行附着物清除工作，并且使用先进涂料，减缓水生物的附着速率。针对远航运输，路线规划也至关重要，卫星自动识别系统（S-AIS）可为船舶提供必要的航行信息，而智能化和数字化技术的应用可以进一步加强船舶对天气和海况的预判，从而调整航行速度、路线和目的地以节省燃料消耗，整体提升船舶的节能和能效水平[64]。

3. 航空运输

航空领域的能效提升手段同样是以提升燃料燃烧效率和降低运行时的能量损耗为主要目标。在过去的半个多世纪里，商用客机平均每公里的碳排放量已经下降了超过七成[48]，而现在最新推出的商用飞机已经比 20 世纪 70 年代的早期客机在同等飞行距离下减少约 60% 的燃油消耗[66]。这些成果得益于诸多方面，例如飞机整机设计水平的提升、航空发动机燃烧效率的提升、轻量化技术的使用以及信息化、智能化系统的应用等。

波音 787 "梦想客机（Dreamliner）" 是典型的新一代节能客机的范例，该飞机大量采用复合材料，占据飞机总质量的 50%，其中机身 100% 由复合材料制造，实现了轻量化设计的目标。此外，该机型在机身结构设计上进一步改善了空气动力学性能，并采用了新一代航空发动机，这使得 "梦想客机" 较现役的同类客机提升约 25% 的燃油效率[66]。尽管在碳中和背景下，市场上已经出现了纯电动飞机和氢燃料电池飞机的概念甚至样机，但从技术成熟度看，在未来较长一段时间里，喷气式客机将依然是航空领域的绝对主力，因此提升燃油燃烧效率还将是行业的重要减碳手段，而可持续航空燃料的使用也将会助力航空领域的碳减排工作。

3.1.3 建筑

从建筑物的用能情况看，照明和采暖/制冷的用能比重较大。在照明方面，节能灯的推广已经比较成功，白炽灯的淘汰进程正在加速。此外，发光二极管（LED）照明技术的飞速进步，为照明领域能效提升提供了新的途径。国际上一般用流明/瓦（lm/W）表示照明设备的发光效率，该值越高则说明发光效率越高。一般白炽灯的发光效率为 10~15lm/W，节能荧光灯为 40~60lm/W，而 LED 灯可达 120~160lm/W。此外，LED 照明技术的商业化推广和规模化生产已经使单个家用 LED 灯泡的售价在十年内降低了近 90%，目前已普遍低于 100 元，逼近普通节能荧光灯的价格。这将促进 LED 技术的大规模使用，使得建筑照明的能效得到大幅提升。

在采暖方面，当前家庭大多采用天然气热水器或集中式供暖，通过化石燃料的燃烧获取能量，不仅用能效率低且碳排放强度高。在可选的措施中，热泵技术被认为是能效提升最有效的手段之一，欧洲国家已经开始大规模推广该技术在建筑、工业等领域的使用。

　　热泵（Heat Pump）本身不产生热量而是热量的"搬运工"，其最主要的优势就是热量来源100%可再生，并且不直接产生任何排放（不过电力消耗将间接产生碳排放，这与当地电网的碳排放因子有关）。此外，该技术具有其他技术所没有的"杠杆效应"，即消耗1kWh的电能可为室内供应4kWh以上的热能/冷能，能效利用水平十分优异[67]。中国节能协会热泵专业委员会做过一个测算：假设维持室内温度在20℃，室内实际供热功率需要达到10kW。采用燃煤供暖、电暖装置及热泵的实际供热功率需要分别达到14.29kW、10kW和2.86kW。对比看，热泵技术的能耗仅为燃煤取暖方式的五分之一，能效提升效果十分显著。

　　热泵的主要设备包含压缩机、冷凝器、蒸发器、节流装置及辅助部件。其工作原理是依据卡诺循环的逆过程，即压缩机将低温、低压气态制冷剂压缩成高温高压制冷剂蒸汽，该蒸汽随即进入冷凝器向室内高温热源放热后冷凝成为液体。液态制冷剂经过节流装置进行降压膨胀后，再通过蒸发器，制冷剂在蒸发过程中吸收室外热量，并随后被压缩机压缩进入下一个循环。热泵同样也可以当作制冷设备，通过采用四通换向阀或者水路切换来实现冷热功能的转换[67]。

　　按照室外热量的来源，可以将热泵分为空气源热泵和地源热泵两大类（见图3-9）。顾名思义，前者以室外空气为热源，能量来源广泛，但在低温环境下运行（比如0℃以下）容易结霜，影响热泵运行效率。后者的热源主要来自土壤、地表水或地下水，运行稳定且不存在除霜问题，但是室外设备的传热装置（地下埋设管道）占地面积较大，投资和维护成本也相应较高。

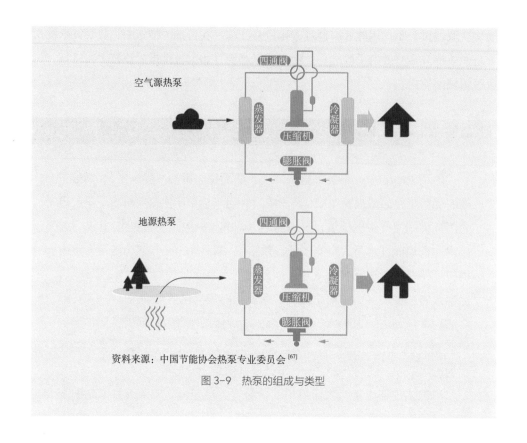

资料来源：中国节能协会热泵专业委员会[67]

图 3-9　热泵的组成与类型

　　除了以上典型的建筑节能技术之外，采用隔热性能好的建筑材料和装潢材料、使用可调节光学性能的智能窗户、安装家庭智能系统、购置储能设备、安装太阳能热水装置和光伏发电设备等，都将进一步提升建筑的用能效率，降低碳排放量。

3.2　可再生能源

　　可再生能源是人类原始社会几乎唯一可以利用的能源，有证据显示在距今约 3 万至 30 万年的旧石器时代中期，居住在欧洲和西亚地区的尼安德塔人就开始利用黄铁矿石的撞击或摩擦出的火星引燃木材，为生活提供热源[68]。木材的可再生特点、易获得性和易燃属性对推动人类繁衍生息和生产力进步起到了举足轻重的作用。随着人类社会的不断发展，水能、风能、太阳能等其他可再生能源相继被开发和利用，成为人类生产生活必不可少的能量来源。

3.2.1 水能

据史料记载，早在美索不达米亚文明时期，中东地区的人们就开始在底格里斯河和幼发拉底河水域修筑石坝用于农业灌溉，世界上已知最早的水利工程是位于现今约旦境内的贾瓦（JAWA）坝，距今已有5000余年的历史。我国也有着悠久的治水历史，"大禹治水"的故事一直传颂至今，其中最引人注目的水利工程要数矗立在成都平原西部的岷江上闻名遐迩的都江堰水利工程。该工程始建于公元前256年，由当时秦国蜀郡太守李冰父子率众修建完成，至今依然发挥着灌溉田畴、防洪排沙的重要作用。在中国汉朝时期，古代人民发现了借助水流动能助力农耕的方法，发明了水车用于灌溉、碾磨谷物等农业生产活动，从此拉开了水能利用的序幕[69,70]。

第一次工业革命之后，丹麦物理学家汉斯·奥斯特（Hans Ørsted）首次发现了电流磁效应，随后英国物理学家迈克尔·法拉第（Michael Faraday）利用电磁感应现象发明了世界上第一台圆盘发电机。同期，美国工程师詹姆斯·弗朗西斯（James Francis）在1849年制造出了世界上第一台现代水力涡轮机。1878年，世界上第一个水力发电工程项目在英国诺森伯兰郡建成，成功地为当地电灯提供连续电力供应。1891年，德国人制造出世界首台三相交流发电机组，并建成首条三相交流输电线路，电压等级达到了13.8kV，由此开启了远距离高压输电的时代。在第二次工业革命的推动下，水力发电技术突飞猛进，进入高速增长期。随着罗斯福新政的推出，胡佛大坝、大古力水坝等世界级工程相继落成投产，水力发电在20世纪40年代高峰时期的发电量一度达到了美国总发电量的40%[70]。在发达国家掀起大力建设水力发电项目的浪潮后，发展中国家特别是中国和巴西后来居上，建成了三峡大坝、伊泰普水电站等世界级水利枢纽工程，其中我国三峡大坝发电机组总装机容量达到了22.5GW，而白鹤滩水电站的单台发电机组规模已经达到1GW，屡屡创下世界纪录，为国家经济社会发展提供了重要的能源保障。如今水力发电技术已经完全成熟，水力资源已进入深度开发期。根据国际水电协会（International Hydropower Association，IHA）统计，截至2020年，全球累计水力发电装机规模达到1330GW，其中我国的水力发电装机规模为370.2GW，占全球总规模的比重为27.8%，遥遥领先其他国家（见图3-10）。

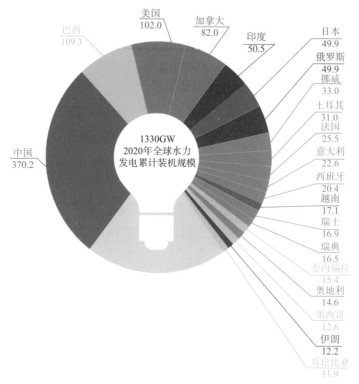

巴西 109.3
美国 102.0
加拿大 82.0
印度 50.5
日本 49.9
俄罗斯 49.9
挪威 33.0
土耳其 31.0
法国 25.5
意大利 22.6
西班牙 20.4
越南 17.1
瑞士 16.9
瑞典 16.5
委内瑞拉 15.4
奥地利 14.6
墨西哥 12.6
伊朗 12.2
哥伦比亚 11.9
中国 370.2

1330GW
2020年全球水力
发电累计装机规模

资料来源：IHA[71]

图 3-10　截至 2020 年全球水力发电装机情况（GW）

3.2.2　风能

　　人类利用风能的历史可以追溯至距今 7000 余年前。彼时的尼罗河上，当地居民就已开始利用风能推动船舶行驶，古埃及陶器上刻画的帆船图案栩栩如生地展现了水手在甲板上齐力拉动风帆调整航行方向的繁忙场面。我国是世界上最早利用风能从事农业生产的国家之一，早在 3000 多年前已有史料记载劳动人民利用风车提水的场景。立轴式风车是我国古代一项十分重要的发明，广泛应用在我国沿海、长江流域等一些风力资源较丰富的地区，主要用途包括海水制盐和农田灌溉等[72]。在世界其他区域如中东和波斯一带也出现了装有芦苇秆编制叶片的风车装置用于碾磨谷物[73]。11 世纪以后，十字军东征促进了中东与欧洲文明之间的碰撞与交流，中东人发明的风车技术被带到了欧洲大陆，而荷兰人在中东风车技术的基础上开发了大型水平轴风车，进一步扩展风能的用途，使其在造纸、锯木、榨油等方面发挥出了独特优势。此举大大提高了荷兰的工农业生产力，使这个欧洲小国一举成为17世纪世界的经济中心[73]。

19世纪中期，发电机等电气设备的首次出现为世界带来了第二次工业革命，从此人类社会正式步入电气化时代。1888年，美国发明家查尔斯·布鲁斯（Charles Brush）发明了世界上第一台风力发电机，而现代风力发电机的原型被认为是由丹麦科学家保罗·拉·库尔（Poul la Cour）设计的。起初，他发明风力发电机的主要目的是为电解水制氢实验供电，而随后他以此为基础将自家风车磨坊改造成为风力发电机，并为阿斯科乌小镇提供电力[74]。经过实践检验，风力发电技术逐渐获得公众认可，kW级小型风力风电机组开始在欧洲和美国的农村等偏远地区承担小范围的供电任务。随着火力发电技术的高速发展以及长距离高压输电技术的进步，风力发电技术因装机规模小、效率低和不稳定性等因素，发展一度陷入停滞。[73]

尽管如此，风力发电的可再生性和绿色无碳特征对一些国家依旧存在吸引力。第二次世界大战后，丹麦开始引领风电技术发展，并于1957年推出了具有划时代意义的200kW盖瑟涡轮机（Gedser Turbine）并成为当今风力发电机组的主流样板[75]。20世纪70年代的石油危机推动了丹麦、德国等欧洲国家能源结构多元化的进程，为保障能源安全自主可控，欧美多国能源部门拨付专项资金用于风力发电技术的研发和应用，其中丹麦在1978年成功推出世界首台MW级风力发电机组。20世纪80年代，美国特别是加利福尼亚州风电市场需求的快速增长，进一步刺激了风电制造业的发展，全球新增装机量由1980年的约11MW激增至1990年的1900MW[75]。随着气候变化问题逐渐获得全球主要国家的重视，减碳诉求成为风能发展的重要驱动力。进入21世纪，风能市场迎来快速增长期，风机装备技术发展迅猛，丹麦、德国、中国等国家接连推出大型风力发电机组，其中陆上风机单机容量已突破5MW，海上风电机组更是进入10MW+时代。在政府鼓励政策和技术的推动下，风力发电成本持续降低，累计装机量由1997年的7.5GW增长至2021年的830GW[76,77]，发电量从1990年的3880GWh激增至2021年的约1870TWh，发电量占全球总发电量的约8%，已经成为全球电力系统重要组成部分[78,79]。

随着风力发电的大规模开发，项目建设也面临土地、风能资源以及环保问题等因素的限制。为突破以上限制，风电行业开始"向海而生"，进而衍生出海上风电产业。经过十余年的发展，海上风电已经从浅海延伸至中深海，从固定式基础发展到漂浮式基础，从小功率风机进化至大功率风机。挪威、英国等欧洲发达国家通过结合海洋油气工程装备制造方面的成熟经验，已将相关技术成功应用在深远海海上风场的设计、建设和运维等环节。原挪威国家石油公司 Equinor 从 2001 年起便着手研发漂浮式海上风电技术，并于 2017 年在英国北海海域建设投运了全球首个漂浮式风电商业化项目。目前，Equinor 开发的 Hywind Scotland 单立柱基础、Principal Power 研发的 Windfloat 半潜式漂浮基础、Ideol 开发的阻尼池半潜式漂浮基础等都进入了商业化示范项目运行阶段。我国也正在加速赶超，中国海油自主研发的深远海浮式风电平台"海油观澜号"已完成建造并启航出海，三峡集团和明阳智能联合研发的"三峡引领号"抗台风型漂浮式风电样机成功并网发电。随着漂浮式风电技术的逐渐成熟，海洋风能资源的开发利用将为人类社会发展提供更多、更稳定的能源供应。

3.2.3　太阳能

"日出而作，日入而息"，《庄子·让王》记录了中国古代人民的生活方式，人们的起居劳作从古至今一直围绕着太阳起落而有规律地进行。太阳为地球万物的生存繁衍提供了源源不断的能量。这个距离地球大约 1.5 亿公里的恒星中心，每时每刻都在发生剧烈的核聚变反应。核聚变反应释放出大量的热量，使得太阳表面温度长期保持在 5500℃左右，并通过辐射电磁波（太阳光）的形式将能量传递至地球表面。由于太阳表面温度和日地距离相对稳定，太阳光照射到地球表面的能量密度基本固定在（1366±3）W/m²，该值也被称为太阳常数[80]。太阳光携带大量光子，而光子中的能量可以被物质吸收从而转化成热能或者电能等形式供人类使用。

1. 光热利用

热能是人类利用太阳能的最初形式。由于阳光照射到物质表面时会发生反射、吸收和透射等现象，古代人民便开始根据不同物质的物理性质来利用太阳能。考古学家从发掘出的建筑遗骸中发现，美索不达米亚、古埃及和古希腊等文明已经在建筑设计中考虑了太阳光自然采暖的功能。罗马人在太阳能热利用方面更进一步，发现了玻璃的特殊属性，这种物质既可以让光线透射，同时还具备阻热、防风的功能。于是罗马人便开始在建筑上安装玻璃用于采光和保暖，甚至用玻璃搭建阳光房用于种植异域植物[81]。光热的另一种用途是由古希腊科学家阿基米德（Archimedes）发明的。在罗马军队入侵叙拉古城期间，阿基米德利用镜子可以反射光线以及光的叠加原理设计出了聚光系统，在太阳照射下利用大量镜子将光线汇聚，并成功点燃了罗马军队的船帆，击退了入侵船队。这种聚光集热装置在随后的很长一段时间里并未获得进一步发展。直到第一次工业革命时期，法国化学家安托万·拉瓦锡（Antoine Lavoisier）在1774年发明了光热炉，利用凸透镜的聚光特性，将光线聚焦到钻石上，成功点燃了钻石，并证明了钻石和石墨都是由碳原子构成的。

光热技术的又一次突破发生在19世纪后期。1878年，奥古斯汀·莫肖特（Augustin Mouchot）认为煤炭资源终究会枯竭，工业社会发展将不可避免地面临能源短缺问题，太阳能是解决此问题的重要方式[82]。1860至1880年，莫肖特在已有的太阳能烹饪器具的基础上，通过增加反射装置和蒸汽机，设计出太阳能蒸汽机。这项发明被用来为1878年巴黎世博会展馆的制冰机提供动力，成为如今碟式光热发电系统的前身（见图3-11）。在同期，瑞典工程师约翰·埃里克森（John Ericsson）和英国科学家威廉·亚当斯（William Adams）相继设计出了抛物面槽式（见图3-12）、塔式太阳能聚光系统。然而，由于缺乏储能装置，这些太阳能装置只能在白天光照条件比较好的情况下运行，间歇性和不稳定性成为主要问题。1904年，美国工程师亨利·威尔西（Henry Willsie）在美国密苏里州和加利福尼亚州建设了两个储热系统，并成功实现了光热装置的夜间运行，为后期光热技术的推广奠定了基础。值得一提的是，法国工程师查尔斯·泰利尔（Charles Tellier）将光热技术引入了户用领域，在19世纪80年代设计出了平板太阳能热水器的雏形。这种太阳能装置紧凑，易于在屋顶安装，同时兼具储热功能，使太阳能热水器走进了千家万户。

煤炭、石油等化石燃料的大规模使用使得成本高昂、供能不稳定的太阳能技术发展一度停滞。然而，20世纪70年代的石油危机促进了聚光太阳能热发电（Concentrated Solar Power，CSP）技术的进步。该技术使用反射镜或透镜，利用光

资料来源：Solarthermalworld. org[82]

图 3-11　奥古斯汀·莫肖特发明的截锥形碟式光热发动机

资料来源：Solarthermalworld. org[82]

图 3-12　世界上首台光热发电装置：100 马力
Solar Engine One

学原理将大面积的阳光汇聚到一个集光区中，该区域的温度受太阳光的照射而逐渐上升，并对系统中的工质（如水、矿物油等）进行加热；工质受热膨胀后将推动蒸汽涡轮发电机做功，从而产生电力（见图 3-13）。

在随后几十年的发展中，光热发电形成了塔式、槽式、碟式和菲涅尔式四种技术方向，导热工质一般采用水、矿物油或者熔盐，最后可通过水蒸气朗肯循环、CO_2 布雷顿循环或者斯特林循环进行发电。其中，塔式和槽式光热发电技术已进入商业化应用阶段，而蝶式和菲涅尔式系统尚处于示范阶段。截至 2019 年底，光热发电装机量已达到 6.9GW，其中西班牙和美国的装机规模遥遥领先，分别投运 2.5GW 和 2.1GW 光热发电项目，总共占据全球总装机规模的三分之二[83]。中国、智利、摩洛哥、阿联酋等国家后来居上，已成为光热发电产业的生力军。

我国的光热发电工程目前主要集中在内蒙古西部、青海、新疆南部、西藏及河西走廊一带。在"双碳"目标下，光热发电技术的优势将日益凸显。开发商可将光伏、风电搭配光热进行联合开发，充分发挥光热发电技术的储能和调峰优势，一方

资料来源：CSPPLAZA 光热发电网

图 3-13　敦煌 10MW 熔盐塔式光热发电站

碳中和与氢能社会

面降低风电、光伏项目的弃电率，另一方面还可以为电力系统提供调频、调峰等辅助服务，这种独特优势或将推动光热发电产业进入新一轮增长阶段。

2. 光伏发电

光生伏特效应的发现和光伏发电技术的诞生距今不到 200 年，其发展速度已经超乎人们的想象。1839 年，时年 19 岁的法国科学家埃德蒙·贝克勒尔（Edmond Becquerel）在父亲的实验室中，将一只氯化银电极和一只铂电极置于酸性导电溶液中，并用光照亮氯化银电极，导电回路瞬间产生了电流和电压[84]，这种光生伏特效应也被称作"贝克勒尔效应"。1883 年，美国发明家查尔斯·弗里茨（Charles Fritts）在硒半导体上包裹一层金箔成功制造出了世界上第一块太阳能电池。随后，科学家们开始关注光生伏特效应，并利用硒、铜等材料制作出了不同类型的太阳能电池，但装置的能量转化率却一直未能获得突破，长期徘徊在 1% 左右。[85] 进入20 世纪，光伏技术的发展离不开理论和半导体材料的突破。1905 年，爱因斯坦在《关于光的产生和转化的一个启发性观点》中提出，光除了具备电磁波特性之外还具有粒子特性，即光通过不连续的一份份光子对外传播能量，而每个光子的能量与其电磁波频率直接相关[86]。该学说的提出为后人研究不同材料受到光照后激发出电子并形成电流的现象提供了理论指导。直到 20 世纪中叶，光伏发电技术还停留在实验和理论阶段，在此期间世界上首个单晶金属制备方法诞生，德国物理学家费利克斯·布洛赫（Felix Bloch）在研究晶态固体导电性时提出了能带理论，半导体物理模型由此诞生[85]。

20 世纪 50 年代，高纯度单晶硅被成功生产，贝尔实验室利用单晶硅材料成功研制出世界首块晶硅光伏电池片，将能量转化效率提升至最高 11%（见图 3–14）[87]。1958 年，美国研制发射的 Vanguard 1 号卫星成为全球首个搭载光伏电池的卫星[88]。四年后，搭载了单晶硅光伏电池片的通信卫星 Telstar 1 成功入轨，标志着光伏电池已正式进入商业化阶段（见图 3–15）。在随后的四十余年中，美国政府不遗余力地发展光伏技术，推动其在航天领域得以广泛应用，同时在政策驱动下，美国商业公司也深度参与光伏产品的研发，光伏电池产品的能量转换效率也屡创纪录，其中波音公司在 1989 年制造的 GaAs/GaSb 叠层光伏组件的能量转换效率已达到了史无前例的 22%[89]。

进入 21 世纪，光伏发电技术的发展从美国的"一枝独秀"逐渐演变成了世界的"百花齐放"。2000 年，德国政府正式通过可再生能源资源法案，开始为光伏等新能源发电项目提供为期 20 年的电价补贴（Feed–In–Tariff），光伏装机量受政

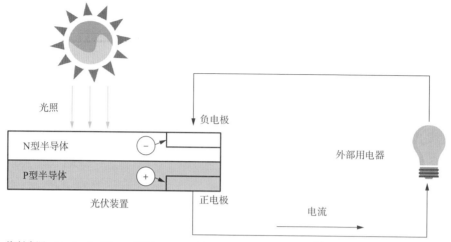

资料来源：Handbook of Energy Efficiency in Buildings: A Life Cycle Approach[87]

图 3-14　半导体光伏电池片工作原理图

资料来源：Nokia Bell Labs[90]

图 3-15　全球首个通信卫星 Telstar 1 搭载贝尔实验室光伏电池片

策驱动在欧洲呈现了爆发式增长[91]。同期，无锡尚德太阳能有限公司在 2001 年成立，成为我国第一家光伏组件生产企业。随后的几年里，民营资本开始涌入光伏行业，天合光能、英利能源、赛维 LDK 等光伏企业相继发展壮大，并成功登陆纽约证券交易所。21 世纪的前 10 年，欧洲旺盛的光伏产品需求为我国光伏民营企业带来巨大的发展机遇，推动我国光伏产业形成了以外贸出口为特征的发展模式。2011年，国家发展和改革委员会下发《关于完善太阳能光伏发电上网电价政策的通知》，我国光伏项目装机呈现爆发式增长，从 2011 年的 3GW 猛增至 2020 年的 253GW。另外，在国家"双碳"政策推动下，我国在沙漠、戈壁、荒漠地区已开发建设多个 10GW 级风电光伏基地项目（见图 3-16），进一步巩固了我国全球最大光伏市场的地位[92]。同时，我国已形成了自主可控的完整光伏产业链条，覆盖硅料、硅片、电池片、组件和逆变器等多个环节。2020 年，全球光伏组件前 10 家企业中我国占据 7 家，为全球市场供应了 58% 的多晶硅、93% 的硅片、75% 的电池片、73% 的组件[93]。随着晶硅光伏组件的持续降本，光伏发电成本得以快速下降，其中我国光伏项目平均度电成本❶ 已从 2010 年的 2 元 /kWh 下降至 2020 年的 0.3 元 /kWh 左右，降幅超过 80%[94]。中东地区辐照资源较好的光伏项目中标电价甚至达到 1 美分 /kWh（约合人民币 0.07 元 /kWh）[95]。此价格已远低于传统煤电和天然气发电成本，以光伏为代表的可再生能源发电已成为电力行业的绝对增量主力。

资料来源：新华网

图 3-16　青海开工建设 10GW 级大型风电光伏基地项目

3.2.4　生物质能源

生物质是人类生产生活的重要能量来源，它直接或间接由植物、动物或微生物提供。其中，植物的能量来源于光合作用，从本质上看是太阳能的一种存储形式，植物中的叶绿体吸收太阳光后，将二氧化碳和水转化为有机物（如淀粉）并存储在植物体内[96]。有证据表明，在距今 150 万年前，古人类已经开始利用木柴等生物质燃料延续火焰[97]。随后，人类开始熟练掌握生火技术，并大量利用周围

---

❶ 此处平均度电成本指的是平准化度电成本（LCOE）。

植物作为燃料，这使得人类的饮食习惯和生活水平得到明显改善，促进了智人的进化和社会的形成。随着农业社会的发展，劳动人民日常使用的生物质燃料品种逐渐增多，秸秆、稻草、玉米芯、棉籽壳等农林废弃物都成为农民炊事、取暖不可缺少的能源。除了植物以外，动物不仅为人类提供蛋白质，其体内的油脂和排泄物也是一种重要的燃料。19 世纪的美国，抹香鲸的油脂一度成为重要的燃料和原料，人们大量利用鲸油来取暖、照明和制作肥皂与涂料，然而这种通过捕杀动物来索取能源和原料的行为一度造成抹香鲸数量骤减以及海洋生态的破坏，而煤炭等化石燃料的发掘利用使得这种以掠杀获取能源的方式得以终结。草食性哺乳动物特别是牛、马的排泄物也是农村以及畜牧业发达地区的重要燃料品种。在我国西藏地区，牛粪在藏语中被称为"久瓦"，作为日常生活的燃料已有千年之久的历史，因此"久瓦"在藏文化中有着举足轻重的地位[98]。以上介绍的能源品种被称为传统生物质能源。

进入 20 世纪以后，现代生物质能源在能源技术和环保意识觉醒的推动下开始在世界各国普及。与传统生物质能源不同，现代生物质能源一般指的是专门以燃料生产为目的、商业化推广为导向的生物质产品，以及经过专门加工、用于发电或供热的生物质燃料[99]。这些新型生物质能源产品包括已在车辆上广泛应用的生物柴油和燃料乙醇、经过微生物在厌氧环境下发酵形成的生物燃气（如沼气）、工业加工形成的固体成型燃料等[96]。整体上看，绝大部分生物质能源是通过能效较低且污染较严重的直接燃烧方式被消耗，用于居民日常的烹饪和取暖[100]。在全球能源绿色低碳转型背景下，现代生物质能源技术将进一步发展，但是生物质能源易受土地、环境、劳动力等因素影响的本质特点限制了其全球发展的潜力，因地制宜发展生物质能源和培育区域性的生物质能源消费市场将是主要的发展趋势。

3.2.5　海洋能

海洋占据了地球表面积的 71%，因此地球又被称为"蓝色星球"。浩瀚的海洋孕育着生命，同时也蕴含着巨大的能量，全球海洋能年技术可开发潜力在 45000~130000TWh，为当前全球用电总量的 2~5 倍，整体能源储量巨大[101]（见图 3-17）。然而恶劣的海况和气象条件使得人类长时间只能"望洋兴叹"，如何驾驭海洋这只"猛兽"，使其为人类社会发展提供源源不断的能量，一直是人类持续探索的目标。

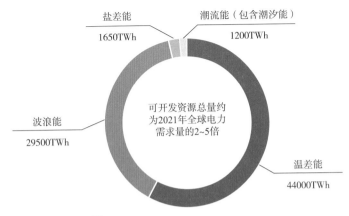

盐差能
1650TWh

潮流能（包含潮汐能）
1200TWh

可开发资源总量约
为2021年全球电力
需求量的2~5倍

波浪能
29500TWh

温差能
44000TWh

资料来源：IRENA[101]

图 3-17　全球海洋能技术可开发潜力

受月球和太阳引力的影响，海平面有规律地起伏涨落，这种周期性现象被称为潮汐现象。早期，人类通过观察每天海水的潮起潮落，萌发出了在相对平静的海湾建设堤坝或者围堰形成水库的想法。欧洲的沿海居民率先在堤坝附近建设水车磨坊，利用水流的动能推动磨盘转动，把谷物碾磨成面粉，这种利用潮汐能提升农业生产力的方式成为人类开发利用海洋能的先导。相比而言，处于历史同期的我国古代人民，对于潮汐的认知还停留在防治阶段。其中在北宋时期，范仲淹主持修建了途经现江苏省盐城、海陵、如皋和海门等地的"捍海堤"（今名"范公堤"），起到了"束内水不致伤盐，隔外潮不致伤稼"的作用。

进入 20 世纪，电气时代的到来和水力发电技术的发展，推动海洋能利用进入新阶段。1961 年，法国电力公司开始在布列塔尼半岛圣马洛港口附近兴建朗斯（La Rance）潮汐能发电站（见图 3-18），成为世界上第一座投入商业运营的潮汐能发电站。该电站全长 750m，装备 24 个 10MW 灯泡式水力发电机，设计容量为240MW，每年能够发电约 540GWh[103]。随后，发达国家接连开始探索建设潮汐能电站，其中韩国始华湖 254MW 潮汐能电站和加拿大安纳波利斯 20MW 潮汐能电站分列全球第一和第三位。装机容量位列全球第四位的江厦潮汐电站，是我国在1980 年建成投产的第一座双向潮汐电站。该电站位于浙江省温岭市乐清湾北端江厦港，装机容量为 3.9MW，年发电量达到 7.2GWh。由于潮汐能电站对于所处海域海况、海湾地质条件、潮汐涨落的水位差有着较为严苛的要求，导致潮汐能的发展潜力十分有限，全球范围适合建设潮汐能发电站的位置仅有约 40 处[104]。此外，潮汐能电站的建设和运营对于周围环境的影响不容小觑。研究发现，潮汐能电站所

资料来源：Power Technology

图 3-18　世界上第一座潮汐能发电站 La Rance 电站

处位置附近的海岸地貌会因潮水流动受限而发生显著变化。此外，由于电站坝体的阻碍，海港内部水质将随时间的推移而恶化，泥沙淤积，进而造成海洋生物死亡。受这些因素影响，从 20 世纪 60 年代第一座潮汐能电站建成至今，潮汐能发电技术虽然已经成熟，但整体规模依然有限，截至 2020 年底全球装机规模仅为 520MW 左右[101]，而随着环保政策趋严，预计未来增长动力不足。

随着海洋工程技术的不断发展，海洋能开发利用方式也逐渐趋于多元，根据能源利用方式可将海洋能分为三大类：一是动能或势能的利用，即通过利用潮汐、潮流和波浪等流体动能或势能进行发电；二是海水热能的利用，即通过海洋表层和深层之间的温差实现热能转化利用；三是海水与淡水盐度差的利用，即通过海水与淡水的盐度梯度实现水的势能提升，进而利用水轮机进行发电[105]。整体上看，海洋能开发利用的经济性与风能和太阳能相比仍有较大差距，全球范围仅有少量商业化海洋能发电设施及技术验证项目。

1. 潮流能发电

潮流能发电是除潮汐能发电技术之外的海洋能中相对成熟且已实现商业化应用的技术。潮流能发电与传统风力发电原理相同，将装有叶片的涡轮发电机组固定在海床上，通过潮水流动推动涡轮叶片转动，从而将海水的动能转化为电能。相比于陆上风机，潮流能涡轮机叶片更短，转速更低，但由于海水密度远高于空气密度，同等输出功率下，潮流能发电机组所占空间更小。世界上第一个商业化潮流能发电项目（SeaGen）于 2008 年在英国北爱尔兰的斯特兰福德湾正式建成。该项目包含 2 台 600kW 涡轮发电机组，由西门子旗下海流涡轮发电机公司（Marine Current Turbines）设计生产，项目耗资 1200 万英镑。此外，英国在苏格兰北部海岸和 Stroma 岛屿之间的海域，还建设了 MeyGen 潮流能发电项目，项目规划容量为 398MW，分多期建设，首期工程已于 2016 年底并网发电，包含 4 台 1.5MW AR1500 涡轮机组，是当前世界最大的潮流能发电项目[106]。我国首个潮流能发电工程——LHD 海洋潮流能发电项目已于 2017 年 5 月实现 1MW 发电机组全天候并网发电，累计发电量位居世界第一。

2. 波浪能发电

波浪能潜在可开发储量庞大，约为 29500TWh，根据 IRENA 研究显示，波浪能资源最密集的区域位于纬度 30°~60° 的深海海域（水深超过 40m）[102]。受离岸远、开发环境恶劣等因素影响，波浪能开发尚处于早期阶段，全球累计装机不足 2.5MW，技术发展水平落后于潮流能。以色列 Eco Wave Power 公司在 2014 年与直布罗陀电力部门签订购电协议，并于 2016 年在当地东海岸建成第一期 100kW 摆动式波浪能发电装置，成为世界首个并网发电并签订购电协议的波浪能项目。有关波浪能发电的各种技术正在蓬勃兴起，其中震荡式水柱、摆动器及点式吸收器等技术已成为波浪能的重点发展方向[105]。

3. 温差能发电

温差能发电技术是通过海洋表层和深层之间的温差实现热能向电能的转化利用，在温差达到约 20℃时即可使用热交换器，使低沸点工质流体（如氨）在循环系统中推动涡轮机转动以产生电能[107]。尽管温差能是海洋能中资源储量最大的能种，每年发电潜力可达 44000TWh，但因技术难度大，部署的海域离岸较远且海况复杂，温差能技术整体尚处于技术验证阶段。从全球范围看，美国和韩国在该领域的技术相对比较领先。其中，韩国船舶与海洋工程研究所（KRISO）已在韩国部署 20kW 温差能发电设备，利用 20~24℃ 温差成功验证了该技术的可行性，并着手开发 MW 级温差能项目。

4. 盐差能发电

盐差能发电技术是利用淡水与海水之间盐度的差异达到发电目的。从原理上看，目前主流技术包括压力延迟渗透（Pressure Retarded Osmosis，PRO）和反电渗析（Reverse Electrodialysis，RED）。前者采用渗透膜技术，利用淡水与海水之间渗透压差，驱动水由低浓度向高浓度方向渗透，导致高浓度侧溶液体积增大，从而增加了水的势能，为后续发电储备能量。后者则是依靠交替排列的阴离子和阳离子交换膜，利用海水与淡水之间化学电位差直接进行发电，不包含机械转动装置。淡水流入大海的河床是部署盐差能发电技术的天然场所，其产生的能量与盐浓度差成正比[108]。由于地域和技术限制，盐差能发电技术在所有海洋能源技术中的可开发潜力较小，资源储量仅为1650TWh。目前，全球有少量小规模盐差能发电项目，包括挪威国家电力公司（Statkraft）在托夫特地区开发的全球首个利用PRO技术的10kW盐差能发电示范项目和荷兰REDstack公司在荷兰Afsluitdijk拦海大坝建设的首个RED盐差能示范电站。受技术难度和资源禀赋限制，仅有少数国家正在开展相关技术研究和原型示范，短期内还不具备商业化部署的条件。

　　总体上，在现有海洋能技术中，潮汐能发电发展得最为成熟，商业化程度最高，但该技术受地理位置的影响较大，对沿岸的生态环境也会造成影响，其资源储量与其他海洋能相比较小，未来发展潜力较为有限。相比而言，温差能、潮流能和波浪能资源储量十分可观，尽管此类项目装机容量不高，且技术仍处于验证和示范阶段，但在碳中和目标的推动下，预计未来十年，装机容量或快速增长，到2030年，海洋能累计装机容量在乐观情境下或将达到10GW[109]。

3.2.6　可再生能源经济性情况

　　近十年，可再生能源电力行业快速发展，风电、光伏发电技术快速更新迭代，其平准化度电成本快速降低，正在成为未来可再生能源领域的绝对主力。根据预测，到2050年前，我国可再生能源发电成本还有十分可观的下降空间（见图3-19）[110,111]。整体来看，集中式光伏和陆上风电的发电成本已低于燃煤发电标

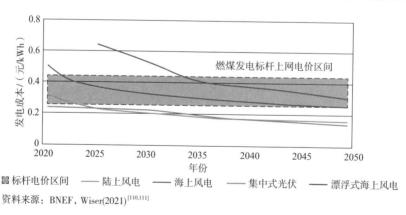

资料来源：BNEF，Wiser(2021)[110,111]

图3-19　2020—2050年我国可再生能源平准化度电成本趋势

杆上网电价，项目经济性显著提升。海上风电目前来看成本竞争力较低，预计于
2025 年左右在部分标杆电价较高的省份如江苏、广东和浙江等（>0.35 元 /kWh）
逐步实现平价上网，但较陆上风电、陆上光伏的发电成本始终具有明显差距。未来
十年，漂浮式海上风电发电成本将进入快速下降阶段，预计在 2033 年左右进入我
国燃煤发电标杆上网电价区间，随后将持续降本，在 2050 年前后达到 0.3 元 /kWh
左右。

3.3 电动汽车技术

在可再生能源规模化发展的大环境下，大力发展电气化技术将有助于社会加速
脱碳，降低化石能源消费量。正如本章前面所述，电气化技术在实现碳中和方面的
减碳贡献度仅次于节能与能效提升和可再生能源，累计减碳量比重可达 20%，其重
要性不言而喻。在众多电气化技术中，电动汽车技术的碳减排潜力最为突出，被世
界各国寄予厚望。

众所周知，交通运输占石油消费的比重高，是温室气体排放的重要来源。美国
作为"车轮上的国家"，石油消费量一直遥遥领先于全球其他国家，近十年以来长
期保持在每天消费 1900 万桶的水平，占全球石油消费量的比重约为 20%[112]。根据
美国能源信息署（Energy Information Administration，EIA）数据，该国交通运输部
门的石油消费量比重高达三分之二以上[113]，导致该部门的二氧化碳排放量占全国总
量的比重超过了 30%[57]。对比来看，我国交通领域二氧化碳排放比重在 9% 左右[57]。
而随着人民生活水平的提升，若不采取针对燃油车辆销售的限制措施，我国交通领
域排放量和排放占比也会大幅提升。为了解决交通领域碳排放问题，电动汽车技术
成为关键一招。在当前，动力电池储能技术正在加速进步，以纯电动汽车为代表的
新能源汽车逐步进入市场，在政策引导、财政补贴和技术降本等多重因素推动下，
市场渗透率正在呈现加速上升的趋势。

3.3.1 发展简史

世界上第一台内燃机汽车由德国人卡尔·本茨（Karl Benz）在 1886 年发明，
随后开启了内燃机汽车的时代。事实上，同一年代也诞生出了电动汽车的雏形，其

发明时间甚至早于内燃机汽车。关于谁发明了世界上第一台电动汽车的问题，至今依然有较大争议，但早在 19 世纪初，来自匈牙利、荷兰以及美国的发明家们就有了使用电动机驱动汽车的想法。其中，美国机械工程师托马斯·达文波特（Thomas Davenport）在 1834 年制造出了一台在轨道上行驶的电动车模型，但因行驶距离短，未取得进一步突破。世界上第一辆可以充电的电动汽车诞生于 1881 年，由法国工程师古斯拉夫·特鲁韦（Gustave Trouvé）设计，采用铅酸电池驱动电机运转，这大大提升了电动汽车的使用价值。随后，法国、美国等国家的工程师开始纷纷制造电动汽车，其中就包括美国著名发明家托马斯·爱迪生（Thomas Edison）。他在 1912 年设计出了一款电动汽车，对常规蓄电池进行了改良，这使得电动汽车的行驶路程大幅提升，成为当时行驶距离最长的电动汽车[114]。

电动汽车在 19 世纪末和 20 世纪初一度在欧美国家流行，主要因为当时内燃机技术才刚刚起步而道路基础设施建设尚不完善，人们对车辆的续航里程要求并不如现在这样高。此外，当时社会正在进行第二次工业革命，"电气时代"的到来让人们对于电力在各方面的应用充满期待，电动汽车无排放、安静、操作简单等特征受到了社会上流人士特别是女性的欢迎（见图 3-20）。然而，随着内燃机汽车的加速发展以及道路基础设施的不断完善，燃油车辆的优势开始显现，更加凸显了电动汽车续航里程短、充电时间长、载客容量小等劣势，这些成为阻碍电动汽车发展的主要问题。更重要的是，亨利·福特（Henry Ford）发明了世界上第一条流水线并成功推出福特 T 型车，使内燃机汽车的生产成本得到大幅降低，每辆汽车的售价仅为 650 美元，是当时市场上电动汽车价格的三分之一，经济性上的劣势让电动汽车彻底出局[115]。从此，汽车行业彻底进入了化石能源时代，而电动汽车陷入了漫长的沉静期。

20 世纪 70 年代第一次石油危机使电动汽车再次回到人们的视野。尽管如此，电动汽车依旧未能得到有效发展，这主要源于电动机和电池的技术瓶颈。在当时，电动汽车的最高速度仅能达到 45mph（约 72km/h），而单次充电的续航里程不到 70km[115]。为解决电池储能问题，牛津大学约翰·古迪纳夫教授（John Goodenough）❶在 1980 年开创性地发明了全球第一块锂离子电池，这为后面电动汽车以及电子设备的普及奠定了基础。

20 世纪 90 年代，国际社会开始重视气候变化问题，《联合国气候变化框架公

---

❶ 约翰·古迪纳夫(John Goodenough)，美国得州大学奥斯汀分校机械工程系教授，1922 年 7 月 25 日出生于美国，是锂离子电池的奠基人之一，曾发明钴酸锂、锰酸锂和磷酸铁锂正极材料，于 2019 年 10 月获得诺贝尔化学奖，是获奖时年龄最大的诺贝尔奖得主。

资料来源：The Mind Circle

图3-20　一位女士正在演示用手摇充电装置为 Columbia Mark 68 Victoria
电动汽车充电

约》《京都议定书》等有关应对气候变化的国际协议陆续签订，欧洲、美国和日本
纷纷加速制定限制燃油车排放的法律法规，同时出台促进电动汽车发展的支持政
策。1990年，美国加利福尼亚州议会就通过了一项法规，要求"零污染"汽车在
该州的汽车销售比重到2003年达到10%。日本制定的《第三届电动汽车普及计
划》也提出了类似目标，提出到2000年推动电动汽车年产量达到10万辆、保有量
达到20万辆。我国紧随其后，启动"十五"国家高技术研究发展计划（简称"863
计划"）电动汽车重大专项，确立了以混合动力汽车、纯电动汽车、氢燃料电池汽
车为"三纵"，以电池、电机、电控为"三横"的研发布局，对我国电动汽车发展
进行了总体规划。在此期间，全球电动车技术蓄势待发，日本丰田汽车在1997年
推出全球首个量产油电混合动力汽车——丰田普锐斯（PRIUS Hybrid）。该车型采
用镍氢电池技术，并成功销往全球40多个国家，一举成为21世纪初最畅销的新能
源汽车。但是，由于镍氢电池的能量密度较低并且充放电性能不佳，加上混合动力
汽车并未实质性解决燃油汽车碳排放的问题，混合动力汽车未能真正获得市场青
睐。2003年，特斯拉汽车（Tesla Motors）诞生于美国硅谷，并成功制造出续航里
程能够达到200英里（约合334km）的豪华型纯电动汽车。随后，中国汽车企业
比亚迪在2009年推出了全球首款量产插电混动汽车——BYD F3DM。与油电混合
动力不同，插电混合型汽车的主要动力来源于电动机，而当电池快用尽时，车载内
燃机将启动并为汽车提供动力。

　　2010年以来，电池技术突飞猛进，特别是锂离子电池材料的突破，使得锂离
子电池组的平均价格从2010年的1200美元/kWh下降了近90%，达到了2021年

的 132 美元 /kWh，而在中国甚至达到了 111 美元 /kWh[116]。除了电池价格大幅下降之外，电池的能量密度也得到了明显提升。相比于 2010 年锰酸锂电池电芯 100Wh/kg 的能量密度水平，三元锂电池（镍钴锰酸锂）电芯的能量密度在 2020 年已经达到了 300Wh/kg，是十年前水平的三倍[117]。电池性能的提升带动了纯电动汽车市场的走势。一直走纯电动汽车路线的特斯拉已经成为全球最大的电动汽车生产商，其在 2021 年的全球销量接近 94 万辆，占据全球新能源乘用车市场份额的 14.4%。其中，最畅销的 Model 3 车型在我国已实现本土化发展，起售价已降至 30 万人民币以下，单次充电的续航里程可达 450km 左右，而长续航版的里程已经超过 600km，百公里加速最快可达 3.4s。在我国新能源汽车补贴政策的驱动下，国产品牌如比亚迪、蔚来、小鹏等加速发展，其中比亚迪新能源汽车 2021 年全球销量达到 59.3 万辆，全球市场份额超过 9%。传统燃油汽车制造商面对能源转型压力也纷纷推出电动汽车系列，社会公众对于电动汽车的接受程度逐渐升高。根据公安部和乘用车市场信息联席会的数据统计，截至 2022 年底，我国新能源汽车保有量已达 1310 万辆，占汽车总量的 4.1%。其中，纯电动汽车保有量为 1045 万辆，占全部新能源汽车总量的 79.78%，乘用车市场新能源渗透率已达 27.6%。我国已成为全球新能源汽车保有量最高的国家，未来发展势头强劲。

3.3.2 电动汽车类别

电动汽车与燃油汽车的最大区别在于其动力来源的不同，前者利用电能驱动电动机为车辆提供动能，而后者利用内燃机将汽油、柴油等燃料燃烧的热能转化为机械能以驱动车辆。从广义角度来看，凡是搭载储能设备和电动机的车辆均可以认为是电动车辆。按照这个标准，电动汽车可以分为纯电动汽车、混合动力汽车和氢燃料电池汽车，这些汽车均属于新能源汽车范畴。本章将重点介绍前两类汽车，关于氢燃料电池汽车及其相关技术，将在下一章进行详细介绍。

1. 纯电动汽车

纯电动汽车的动力全部来自电动机，其能量存储在车载动力电池单元中。图 3-21 展示的是纯电动汽车结构图。纯电动汽车主要包含储能单元、动力单元和传动单元三大部分。储能单元主要包含电池组，一般布置在车辆底部，占据的空间较大。动力单元的核心是电动机，它的转动依靠电池组的持续供电。传动装置与燃油汽车类似，主要包括传动轴、差速器等。与传统燃油汽车不同，大多数纯电动汽车不

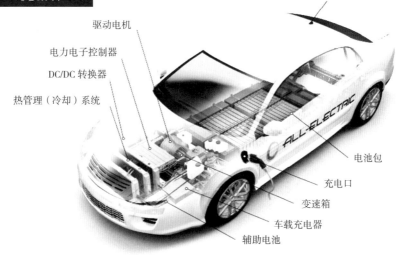

纯电动汽车

驱动电机
电力电子控制器
DC/DC 转换器
热管理（冷却）系统

电池包
充电口
变速箱
车载充电器
辅助电池

ALL-ELECTRIC

资料来源：NREL[118]

图 3-21　纯电动汽车结构图

含多级变速箱，这主要源于电动机的转速范围比内燃机大，其最高转速可以达到 20000r/min，而内燃机的最高转速一般在 4000~6000r/min。因此，燃油汽车必须搭配多级变速箱，以适应汽车的变速行驶要求。此外，电动汽车还有较为复杂的电控系统，包括整车控制器、电池管理系统和驱动电机控制器。相比于燃油汽车，纯电动汽车的能源利用效率更高，刹车系统一般配有能量回收装置，可以将刹车时的动能转化为电能存储在电池中，减少了刹车片摩擦的能量损耗。

2. 混合动力汽车

混合动力汽车，顾名思义是指车辆的动力来源不止一个，其动力单元既包含电动机也包含内燃机。该车型的推出一方面可以解决动力电池因能量密度低导致续航距离短的"里程焦虑"，另一方面可以提升车辆的能效水平，通过内置的混合动力控制单元合理分配动力来源以减少燃油消耗，降低碳排放水平。从图 3-22 可以看出，混合动力汽车的系统比电动汽车更为复杂，除了包含纯电动汽车的主要单元以外，也包含一般燃油汽车的主要部件，包括内燃机、多级变速箱等。插电混动汽车配有先进的能量管理系统，可以智能化评估车辆的运行能耗，通过先进算法决定当前车辆运行的动力来源，因此综合能效水平比一般燃油汽车高，相同行驶距离下的排放更少。

传统混合动力汽车的动力主要来自内燃机，电动机作为辅助动力一般在汽车起步时或者低速行驶时使用，当车辆速度超过 40km/h 后，内燃机将开始运转，成为

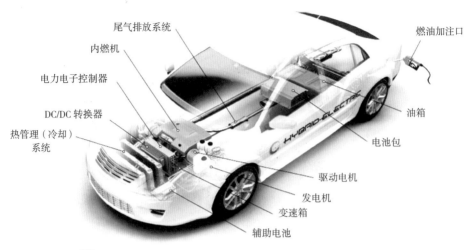

混合动力汽车

尾气排放系统
内燃机
电力电子控制器
DC/DC 转换器
热管理（冷却）系统
燃油加注口
油箱
电池包
驱动电机
发电机
变速箱
辅助电池

资料来源：NREL[118]

图 3-22 混合动力汽车结构图

汽车的主要动力源。同时，内燃机工作过程中也会对车载电池组进行充电，以保证电池电量在合理范围。此外，混合动力车辆也安装了像纯电动汽车一样的能量回收系统，可以在车辆刹车时回收部分动能，通过车载发电机对电池进行充电。

随着动力电池能量密度的大幅提升，插电混动汽车逐渐进入市场。该车型最大的特征是车辆的主动力来自电动机，而内燃机则作为辅助动力，一般在电池容量不足时为汽车提供动力。该车型与传统混合动力车辆的另一个显著区别是充电方式。由于插电混动车型的动力电池容量大，该车型配有专门充电插口，可以像纯电动汽车一样通过外接电源以插电的方式进行充电，并且在城市短距离行驶过程中几乎完全同纯电动汽车一样，不需要消耗燃油。当行驶距离较长时，则可以切换至燃油发动机模式，从而延长车辆的行驶距离。此外，插电混动汽车也可以利用内燃机的运行对电池的电量进行补充，并利用能量回收系统收集刹车时的能量，综合能效水平高于传统燃油汽车和混合动力汽车。

总的来看，混合动力汽车的系统比较复杂，兼具传统燃油汽车和纯电动汽车的特点，能源利用效率高，驾驶方式灵活，解决了大部分人的"里程焦虑"问题。但这种车型也有缺点，比如制造成本普遍高于传统燃油汽车和纯电动汽车，且后期保养的难度和费用也相对更高。在日益严苛的环保政策下，传统油电混合动力汽车已不再被划入新能源汽车范畴，纯电动汽车已成为交通电气化的主力方向。

碳中和与氢能社会

3.3.3　行业现状及趋势

在碳中和目标驱动下，加速新能源（电动）汽车对传统燃油汽车的替代将是公路交通领域实现碳减排的主要甚至是唯一途径。在过去的十年里，电池技术的革新使得全球新能源汽车保有量从 2010 年的 2 万辆快速增长至 2020 年的 1000 万辆（见图 3-23），2020 年新能源汽车占全球新车销量的比重已达到了 4.6%[119]。其中，纯电动汽车的累计销售量占据了新能源汽车销售总量的一半以上。

资料来源：IEA[120]

图 3-23　2010—2030 年全球新能源（电动）汽车保有量发展趋势

近几年，各国政府纷纷提升了燃油汽车排放的标准，加大了排放监管力度，挪威、荷兰、德国等欧洲国家已发布了燃油汽车禁售的时间表，燃油汽车的时代正在加速走向衰落，取而代之的则是新能源汽车的时代。根据 IEA 对于新能源汽车累计销售量的预测，在可持续发展情景下，2030 年全球新能源汽车的累计保有量或将达到 2020 年的 20 倍左右，超过 2 亿辆，其中纯电动汽车和插电混动汽车将占据电动汽车总量的 95% 以上。为保持在新能源汽车领域的引领地位，我国在 2020 年专门制定了《新能源汽车产业发展规划（2021—2035 年）》，提出了到 2025 年"新能源汽车新车销售量达到汽车新车销售总量的 20% 左右"，以及到 2035 年"纯电动汽车成为新销售车辆的主流"的远景目标。随着世界各国加速推动交通领域的电气化替代，预计到 2050 年，交通领域的电气化水平将得到大幅提升，新能源汽车完全替代燃油汽车的目标或成为现实。

3.4 储能技术

随着风电、光伏等可再生能源的高速发展，电力系统的主体电源正在从传统化石能源向新能源转变。然而，可再生能源发电具有随机性、间歇性、反调峰性和波动性等与生俱来的特点，高比例接入电网将对传统电力系统的安全稳定运行带来挑战。德国、荷兰等欧洲发达国家就因此时常经历电力价格"过山车式"的涨跌。在光照和风能资源丰富的季节，可再生能源的发电量有时会高于实际需求，造成电力供应严重过剩，导致"负电价"情况的发生；在连续阴雨天气和无风季节，可再生能源电力的产能将显著下降，无法满足终端电力需求，从而推高电价水平。

为了提高电力系统的稳定性和灵活性，仅靠提升电网的数字化、智能化水平还远远不够，还需要大规模使用现代化的储能技术。储能技术具有削峰填谷、平滑波动、调频调压、无功补偿等功能，是支撑高比例可再生能源电力系统稳定运行的重要基础设施。

3.4.1 储能技术

根据应用场景和需求特性，储能技术可分为容量型、功率型和能量型三种。容量型储能一般要求连续储能时长大于 4h，适合削峰填谷或离网储能等场景，典型技术包括抽水蓄能、压缩空气、熔融盐及储氢。功率型储能要求储能系统能够在短时间内（秒级甚至毫秒级响应速度）实现大功率充放电功能，储能时长在秒级至分钟级，通常应用在辅助调频或平滑间歇性电源功率波动等场景，典型技术包括飞轮储能和超级电容。能量型储能介于容量型储能和功率型储能之间，要求储能系统能够提供调峰调频和紧急备用等多重功能，储能时长一般为小时级，典型技术为锂离子电池等电化学储能技术（见图 3-24）。

抽水储能发展得较早，单体项目规模大，建设成本和周期较长，易受地理位置限制及环境政策影响，更适合电网侧的大规模调峰调频。相比而言，以电化学储能为典型代表的新型储能技术，单体部署规模可大可小，对于地理位置和自然环境的要求不高，可与光伏、风电等可再生能源项目进行同步建设、同步运营，商业模式也更加灵活，特别适合在电力系统的发电侧和用户侧进行部署，其应用范围和市场规模潜力更大。在新型储能技术中，锂离子电池在循环寿命、能量密度和自放电率等性能参数上的优势十分突出，已发展成为新型储能的绝对主力。此外，其他电化

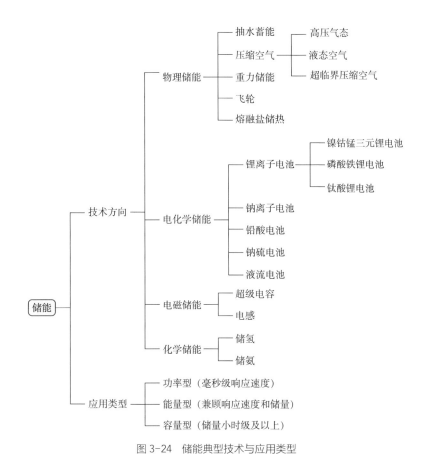

图 3-24　储能典型技术与应用类型

学储能技术如钠离子电池也被寄予厚望。尽管钠离子电池在循环寿命、能量密度等性能参数方面落后于锂离子电池，但具备安全性高、高低温性能优异、快充速率高等潜在优势。此外，钠资源来源广泛、储量丰富，比如氯化钠（盐）、碳酸钠（纯碱）、碳酸氢钠（小苏打）等都是常见的钠盐，这些原料供应稳定且价格低廉，为钠离子电池大幅降本提供了空间。随着宁德时代等主流电池企业入局，钠离子电池有望在储能领域实现大规模商业化应用。

　　从长远来看，可再生能源大规模替代传统火力发电的过程中，必然将面临能源消纳的问题，仅凭抽水蓄能和电化学储能依然不够，而储氢技术被认为是解决大规模、跨区域、长时间储能的最佳方式之一。所谓储氢，即通过电解水制氢技术将富余的可再生能源电力转化为氢气进行存储。储氢技术一方面可以结合燃料电池技术，将氢气转为电力重新回输至电网，另一方面可以直接作为能源进行使用，比如氢燃料电池汽车、氢冶金、氢燃料燃气轮机等。这部分内容将在下一章节进行详细介绍。

3.4.2 行业现状及趋势

截至 2021 年底，全球已投运储能项目累计装机规模为 209.4GW，同比增长 9%。从储能技术看，抽水蓄能规模最大，占比达到 86.2%。其次为新型储能，占储能总装机规模的 12.2%，装机规模已经达到 25.5GW，同比增长 67.7%，成为装机增速最快的储能技术[121]（见图 3-25）。在所有新型储能技术中，锂离子电池的规模最大，占比高达 90.9%，成为当前储能新增市场的绝对主力。我国储能累计装机规模在 2021 年底已达到 46.1GW，占全球的比重约为 22%，位列世界第一。从储能装机结构上看，我国与全球情况大致相同，其中锂离子电池和压缩空气均实现了 GW 级别项目的并网投运，新型储能技术的规模化发展趋势正在加速显现。

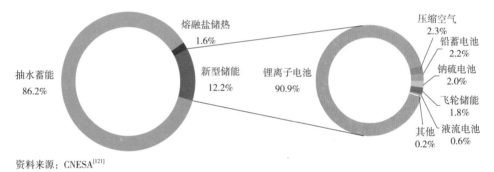

资料来源：CNESA[121]

图 3-25　2021 年全球储能累计装机占比情况

在"双碳"目标驱动下，我国在 2021 年提出了构建以新能源为主体的新型电力系统的目标。同年，国家出台了《关于加快推动新型储能发展的指导意见》等多项文件，指导储能行业特别是新型储能领域发展，要求加快锂离子电池等新型储能技术的发展和商业化规模应用，并提出目标：到 2025 年，实现新型储能从商业化初期向规模化发展转变，新型储能装机规模达 30GW 以上；到 2030 年，实现新型储能全面市场化发展，新型储能核心技术装备自主可控，标准体系、市场机制、商业模式成熟健全，装机规模基本满足新型电力系统需求。

为配合目标实现，发挥市场作用，促进储能商业模式创新是重要的一环。目前，我国新出台的储能政策和规划中均提出了一些具体举措，包括推动储能进入并同时参与各类电力市场、允许储能作为独立市场主体参与辅助服务市场、鼓励发电和电网企业以市场化交易方式获取储能调峰资源等。此外，健全新型储能价格机制也成为重要改革方向，例如建立电网侧独立储能电站容量电价机制、探索将电网替

碳中和与氢能社会

代性储能设施成本收益纳入输配电价回收、完善峰谷电价机制为用户侧储能提供套利空间等。这些举措的落地实施将为我国储能行业快速发展奠定基础，推动以新能源为主体的新型电力系统加速构建。

3.5　负碳技术

负碳技术从字面上理解就是对碳排放做减法，主要是将化石燃料产生或者空气中存留的二氧化碳进行捕集，再将其进行封存、固化或者作为原料制成化学品的一类技术手段。前面所介绍的能效提升、可再生能源等多数针对的是碳排放源头管控，而负碳技术主要用于碳排放的末端治理，可以说是碳减排的"最后一道屏障"。负碳技术主要包括碳捕集利用及封存（CCUS）、二氧化碳直接空气捕集（DAC）以及利用森林植被的光合作用进行固碳（碳汇）等。本节将重点介绍 CCUS 和 DAC 技术。

3.5.1　碳捕集利用及封存技术

碳捕集利用及封存技术（CCUS）作为最重要的负碳技术之一，对于全社会实现碳中和目标至关重要。根据 IEA 的预测，在 2070 年全球实现碳中和的假设情景下，通过 CCUS 技术将累计减少超过 240Gt 二氧化碳。其中，约 90% 的二氧化碳将被直接地质封存，剩余 10% 的二氧化碳将被资源化利用[122]。

1. 技术概况

CCUS 的目的是将二氧化碳从化石燃料燃烧或工业过程排放的废气中进行分离捕集，再通过车辆、船舶或管道等方式将其运输至化工厂、油田等进行再利用，或直接注入地下深处的地质构造中进行永久封存（见图 3-26）。

二氧化碳捕集技术是 CCUS 的前提。此项技术按排放源可分为固定源捕集和移动源捕集。其中，固定源捕集技术应用得最为广泛，燃煤电厂、钢铁厂、水泥厂及化工厂等碳排放集中的固定厂区均适合部署该项技术[124]。根据固定源捕集顺序，碳捕集还可进一步细分为燃烧前捕集、燃烧中捕集和燃烧后捕集[125]。燃烧前捕集技术以整体煤气化联合循环系统（Integrated Gasification Combined Cycle，IGCC）– 化学吸收技术为主。该项技术利用煤气化工艺将煤炭转化为一氧化碳和

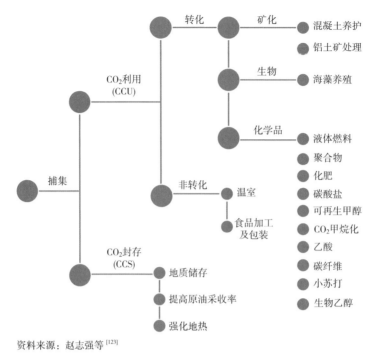

転化 ─ 矿化 ─ 混凝土养护

铝土矿处理

生物 ─ 海藻养殖

CO_2利用
(CCU)

化学品 ─ 液体燃料

聚合物

化肥

碳酸盐

可再生甲醇

CO_2甲烷化

乙酸

碳纤维

小苏打

生物乙醇

捕集

非转化 ─ 温室

食品加工
及包装

CO_2封存
(CCS)

地质储存

提高原油采收率

强化地热

资料来源：赵志强等[123]

图 3-26　CCUS 技术流程图

氢气合成气，再通过水煤气变换反应将一氧化碳转化为二氧化碳并进行分离，剩余 H_2 被送入燃气轮机进行燃烧。其核心是在燃料发生剧烈氧化反应前，通过化学方法将碳元素从化石燃料中转移出来（如以二氧化碳的形式），同时尽可能保留燃料的化学能。燃烧中捕集是通过改进传统燃烧方式，利用富氧燃烧（比如纯氧）和化学链燃烧技术，尽可能地增加燃烧反应过程中的氧含量，使得燃料燃烧得更为充分，以提高烟气中的二氧化碳浓度，提升碳捕集效率。燃烧后捕集是碳排放的末端治理技术，也是目前应用得最广泛的碳捕集技术，它可以利用溶液吸收（如有机胺、氨水等）、固体吸附或者膜分离方法将二氧化碳从锅炉烟气中分离出来并进行捕集。这项技术无须对现有的燃烧系统、工艺和设备进行大规模改造，经简单技改即可直接进行部署。

二氧化碳经过捕集后，可因地制宜选择资源化利用（Carbon Capture and Utilisation，CCU）或者直接封存（Carbon Capture and Storage，CCS）两类途径。CCU 是国际社会重点攻关的技术发展方向，人们可以通过此途径将二氧化碳"变废为宝"，使二氧化碳变成一项重要资源。从技术路线看，二氧化碳可分为直接利用和转化利用两种方式。直接利用技术中包括将二氧化碳加工提纯用于制作碳酸饮料或制成干冰用于食品加工和冷冻保鲜等。但需要注意的是，这种直接利用方式虽然产生了经济效益，但二氧化碳在使用后依然会释放至环境中，因此难以实现减碳目的。相比之下，二氧化碳转化利用的应用领域更多，减碳潜力和市场前景也更加广阔。首先是二氧化碳制化学品。该技术方向以二氧化碳作为碳源，用于生产各类含碳化学品，比如二氧化碳加氨制尿素，二氧化碳加氢制甲烷、甲醇、甲酸或烃类燃料等，甚至可直接或间接制取碳纤维或碳纳米管等高附加值材料。其次是二氧化碳矿化利用，比如利用二氧化碳与工业固废如炼钢炉渣进行碳酸化反应，形成化学性质稳定的碳酸盐，用作建筑材料；或向混凝土中充入二氧化碳，促进材料中的钙镁成分加速形成碳酸盐，提高混凝土的强度和耐用性，同时达到固化二氧化碳的效果。此外，还有二氧化碳的生物利用路线，本质上是利用植物的光合作用进行固碳，其中利用微藻固碳转化技术生产生物燃料、生物肥料、饲料以及化学品等已形成了一定的产业规模；二氧化碳还可直接用于调节农业温室大棚的二氧化碳气体浓度，以提高农业作物的产量[125]。

相比于CCU，CCS被认为是实现减碳最直接、最有效的技术之一。与CCU将二氧化碳"变废为宝"的思路不同，CCS的主要目的是将二氧化碳作为废弃物进行大规模封存，并同时兼顾地质利用。在现有的技术路线中，主要分为利用二氧化碳提高油气等地下矿产资源采收率和永久封存两类。前者相关技术包括二氧化碳驱油（Enhanced Oil Recovery，EOR）、二氧化碳驱气（Enhanced Gas Recovery，EGR）、二氧化碳强化采矿等技术，主要利用二氧化碳化学性质稳定、来源广泛等特点，通过注入地下储层改善原油的流动性或利用气体密度差异进行天然气置换、驱替等。后者则是将二氧化碳注入地下咸水层或者枯竭油气藏进行永久封存（见图3-27），通过营造密封环境，使得二氧化碳与环境中的盐水和矿物质形成天然矿物质，实现二氧化碳固化的目的，当然这也是一个十分漫长的过程。

2. 国外产业现状及趋势

CCUS项目的商业化运行可以追溯到20世纪70年代的美国。位于得克萨斯州的特雷尔天然气处理厂项目是迄今世界上投产最早的在营CCUS商业化项目。该项目在1972年正式投产，二氧化碳捕集装置安装在天然气处理厂中，通过对开采出的含二氧化碳天然气进行脱碳处理并集中回收二氧化碳，为当地的油田利用二氧化碳提高原油采收率提供稳定气源，二氧化碳捕集能力为400~500kt/a。CO_2-EOR模式为CCUS商业化和规模化发展奠定了重要的发展基础，推动了多个CCUS项目在美国落地实施。比如在20世纪80年代建成投产的700kt/a俄克拉何马州伊尼

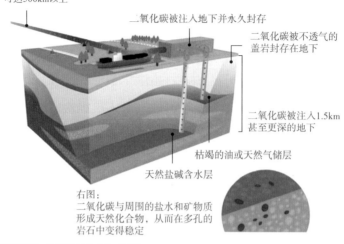

火电站和CCS储存设施之间的距离
可达500km以上

二氧化碳被注入地下并永久封存

二氧化碳被不透气的
盖岩封存在地下

二氧化碳被注入1.5km
甚至更深的地下

枯竭的油或天然气储层

天然盐碱含水层

右图：
二氧化碳与周围的盐水和矿物质
形成天然化合物，从而在多孔的
岩石中变得稳定

资料来源：欧盟委员会 DG-TREN

图 3-27　CCS 工程示意图

德化肥厂项目和 7Mt/a 怀俄明州埃克森美孚天然气处理厂项目，这些项目的二氧化碳同样采用 CO_2-EOR 的商业模式，至今依然在正常运行。挪威开展 CCUS 研究的时间也非常早，在 1996 年建成了世界上首个 CCS 项目——斯莱普内尔（Sleipner）二氧化碳封存项目。该项目选址挪威北海的斯莱普内尔天然气田附近，将天然气处理厂产生的二氧化碳集中捕集后，直接注入气田附近的海床以下 1km 的咸水层中，二氧化碳封存能力达到 1Mt/a。与美国 CO_2-EOR 模式不同，挪威开展直接封存项目的原因主要为两个方面，一方面是响应当地的环保政策，减少海洋油气生产的碳税支出❶；另一方面是针对碳封存技术开展技术示范验证，为后面大规模推广积累经验。截至 2020 年，该项目累计封存二氧化碳总量已经超过 20Mt[122]。

　　据全球碳捕集与封存研究院（Global CCS Institute）统计，截至 2020 年底，世界范围内共有 65 个 CCUS 商业化设施，整体的二氧化碳封存能力约为 40Mt/a[126]。从地域分布看，已投运商业化项目主要集中在美国和加拿大，其中美国 CCUS 规模达 21Mt/a，占全球规模的一半以上，包含多个 Mt 级的 CCUS 项目，其中于 2010 年投运的世纪（Century）天然气处理厂项目的碳捕集能力已达 8.4Mt/a。从二氧化碳的捕集源头看，天然气处理厂约占 65%，而化工、电力等捕集成本较高的高排放行业占比均不足 10%。从这些二氧化碳的用途来看，受石油市场利润驱动，

❶ 挪威政府于 1991 年开始对海洋石油和天然气开发生产活动征收碳税。

现有 CCUS 项目主要集中在二氧化碳驱油领域，即 CO_2–EOR 的发展模式居多，而二氧化碳封存项目占比不足 15%。

随着世界各国碳中和进程加快，高排放行业的脱碳需求推动全球 CCUS 项目容量迅猛增长。在已公开的项目中，规划或在建项目容量已达现有投运容量的四倍，其中美国一枝独秀，其新增规划容量占比达 37%，约为欧洲国家的总和。此外，受碳排放立法、环保政策收紧及补贴措施出台等因素影响，新增 CCUS 项目的捕集目标已发生显著变化，电力和工业行业等高排放领域捕集规模约占规划容量的三分之二。同时，CCUS 项目的用途也在迅速转变，在石油需求接近峰值后，新规划的 CCUS 项目中驱油占比已降至 14%，而 CO_2 封存项目占比增至 60%。由此来看，世界各国通过 CCUS 对重点排放行业进行深度脱碳的发展趋势愈加明显[127]。

在 CCUS 市场需求的不断增长驱动下，石油公司发挥产业优势已成为市场开发的主力。从 1970 年起，美国石油公司便开始在油田大规模注入二氧化碳以提高石油采收率，为 CCUS 技术商业化应用奠定了基础。埃克森美孚等石油公司正加快 CCUS 技术研发及应用，发挥地质勘查、钻完井技术、管道基础设施和油气田资源等优势，逐步构建 CCUS 产业生态。截至 2020 年底，全球已运营的 CCUS 项目中，石油公司占比达三分之一，其中埃克森美孚占据全球市场近五分之一的份额。从增量市场看，石油公司也独占鳌头，总体占比接近 40%，欧洲石油公司正在引领新一轮的投资热潮。意大利埃尼集团计划改造意大利东北部海域的枯竭气藏，建设欧洲大型二氧化碳封存设施；挪威国油、道达尔和壳牌通过组建产业联盟开发"北极光"项目，计划从欧洲主要港口城市捕集二氧化碳，汇集管输至离岸 100km 外的海底咸水层进行封存，预计 2024 年一期项目投产后二氧化碳封存能力最高可达 5Mt/a，设计累计封存量或超过 100Mt[128]。

3. 我国产业现状及趋势

我国 CCUS 产业起步较晚，2007 年首个 CO_2–EOR 工业化示范项目在中国石油吉林油田建成投产，二氧化碳来自附近天然气处理厂，封存能力为 350kt/a。在"十二五"时期，神华集团、华能集团、国电投等煤炭和电力企业也开始实施火力发电厂的二氧化碳捕集技术的工程示范[123]。截至 2021 年底，我国已建成约 40 个 CCUS 示范项目，总体规模约为 3Mt/a，单体项目规模较小，基本在 100kt/a 左右，产业链尚不完善，商业化程度不及欧美发达国家[129]。随着"双碳"目标的提出，一些大型 CCUS 项目正在加速落成，比如由中国石化建设的齐鲁石化—胜利油田 CCUS 项目、中国海洋牵头推动的大亚湾区海上规模化 CCS/CCUS 集群项目等，设计规模均已达到 1Mt/a。我国作为世界能源消费和工业制造大国，正在加快推进 CCUS 规模化应用，以维持我国火力发电和炼油化工等传统能源设施的活力，实现传统能源清洁化的利用。

CCUS 产业发展规模和速度主要取决于项目经济性，主要包括二氧化碳捕集、运输、封存、利用等全流程各环节的投资、运营和维护等支出。表 3-1 显示的是我国生态环境部环境规划院等机构关于 CCUS 各环节经济成本的预测[129]。可以看出，二氧化碳捕集成本是决定 CCUS 成本的关键，其中燃烧前捕集技术成本最低，而富氧燃烧捕集技术（燃烧中捕集）成本最高。预计到 2030 年和 2060 年，二氧化碳捕集成本区间将分别达到 90~390 元 /t 和 20~130 元 /t。二氧化碳封存成本占 CCUS 总成本的比重相对较低，预计到 2030 年和 2060 年成本区间将分别达到 50~60 元 /t 和 20~25 元 /t。另外，影响 CCUS 项目成本的另一个关键因素在于运输距离，当碳源与封存地距离超过 50km 时，运输成本将超过封存成本成为影响 CCUS 总成本的第二大因素。因此，缩短碳源与封存地的距离将有助于降低 CCUS 项目的综合成本。

表 3-1　我国 CCUS 各环节经济成本预测

年份		2025	2030	2035	2040	2050	2060
捕集成本 /（元 /t）	燃烧前	100~180	90~130	70~80	50~70	30~50	20~40
	燃烧后	230~310	190~280	160~220	100~180	80~150	70~120
	富氧燃烧	300~480	160~390	130~320	110~230	90~150	80~130
运输成本 /[元 /(t·km)]	罐车运输	0.9~1.4	0.8~1.3	0.7~1.2	0.6~1.1	0.5~1.1	0.5~1
	管道运输	0.8	0.7	0.6	0.5	0.45	0.4
封存成本 /（元 /t）		50~60	40~50	35~40	30~35	25~30	20~25

资料来源：生态环境部环境规划院[129]

在技术经济性逐步提升的趋势下，CCUS 地质封存潜力也是决定产业发展规模的一个重要因素。据理论测算，我国 CCUS 地质封存潜力约为 1210~4130Gt 二氧化碳，其中 CO_2-EOR、CO_2-EGR 及枯竭气藏的理论封存潜力分别为 5.1Gt、9Gt 和 15.3Gt 二氧化碳；深部地下咸水层的封存能力约为 2400Gt 二氧化碳[129]。从理论封存容量看，我国仅次于北美地区（2300~21530Gt 二氧化碳），高于欧洲、澳大利亚和亚洲其他地区，具有较好的发展空间。

4. 产业展望

从全球范围看，全球二氧化碳的整体利用和封存规模仅为 230Mt/a，其中化肥行业二氧化碳消耗量为 130Mt/a（用于尿素生产），占比超过 50%，剩余部分则主要被油气生产、食品加工等行业消纳[122]。相比于全球约 36Gt/a 二氧化碳排放量而言，可谓是杯水车薪。对比 CCU 和 CCS 两类技术看，CCU 的目的是将二氧化碳进行资源化利用，包含多种技术路线和应用场景，可以支撑碳循环经济构建，促进现有传统产业转型和未来新兴绿色产业的发展，未来的价值增长空间十分可观。但是，CCU 推广的难点在于技术成熟度不高、项目经济性不足，特别是二氧化碳制化学品领域（非尿素方向）。在技术经济性难题尚未得到有效解决之前，CCU 短期内难以实现高速增长。相反，CCS 因其技术难度相对较小、封存规模大成为当前应对气候变化的重要手段，是中短期内减少二氧化碳排放的有效方式。不过，封存二氧化碳虽然达到了减碳目的，但这种类似于支付"垃圾处理费用"的方式增加了碳排放企业的经营负担，无法为其绿色转型提供有效激励。所以，从长远看，大力发展 CCU 将是提升全社会绿色转型积极性、产生"绿色"效益的最佳方式。

3.5.2　直接空气捕集技术

与 CCUS 从含有高浓度二氧化碳的工业烟气中进行碳捕集不同，直接空气捕集技术（DAC）是一种在空气中直接捕集二氧化碳的技术，其技术难度极大，这主要源于二氧化碳在空气中的体积浓度一般在 0.028%~0.035%，含量极低。尽管如此，DAC 的减碳作用也不容小觑。CCUS 装置一般应用在火力发电、化工、炼钢等大型工业领域，仅适合部署在固定设施上，并且对于废气/烟气中的二氧化碳浓度有着较高要求，固定投资额大且缺乏灵活性。相比而言，DAC 技术的部署则更加灵活，适合对小型化石燃料燃烧装置甚至交通运输车辆等比较分散的排放源进行二氧化碳捕集，是负碳技术中的新兴方向。

1. 技术概况

DAC 技术主要由引风机、吸附/吸收剂、再生装置三个模块组成。引风机启动后形成负压，将空气引入 DAC 系统，设备内部的吸附/吸收剂对于二氧化碳具有高选择性，可以实现在低浓度环境下对二氧化碳的捕集，并同时允许空气中的其他组分自由通过。当二氧化碳的吸收量达到吸附/吸收剂的极限时，DAC 装置一般将转为再生工况，在高温和低压条件下释放出高浓度的二氧化碳。一些 DAC 装置还会配有存储模块，将捕集的二氧化碳进行存储。根据 DAC 装置中二氧化碳吸附 / 吸收剂的物理状态，可分为固体和液体 DAC 两类技术（见图 3-28）。

固体 DAC 技术（S-DAC）采用固体吸附剂，主要利用分子间作用力以物理方式吸附二氧化碳，吸附材料需要有比较大的比表面积和丰富的孔道结构，使空气能够与吸附剂充分接触。常用的物理吸附材料包括金属有机框架材料（MOFs）、碳纳米球等。物理吸附的脱碳再生过程一般比较简单，在低压和较低温度（<100℃）环境下即可实现[130]。

液体 DAC 技术（L-DAC）采用的是液体吸收剂，比如有机胺、氢氧化钾溶液等，这类吸收剂通过与二氧化碳发生化学反应形成化合物实现对二氧化碳的捕集。图 3-28 显示的是加拿大 Carbon Engineering 公司设计的 L-DAC 碳捕集流程图。该系统含有一个空气接触器模块，通过引入空气使之与液体吸收剂进行充分接触，其中的二氧化碳与氢氧化钾溶液发生化学反应并生成碳酸盐。当溶液达到饱和状态后，溶液将被送入颗粒反应器，使碳酸盐从溶液中分离出去形成小型颗粒。这些颗粒将随后被送至煅烧窑分解成二氧化碳气体并被捕集。剩余的颗粒物将进入水化器，变成溶液后被重新回收利用。

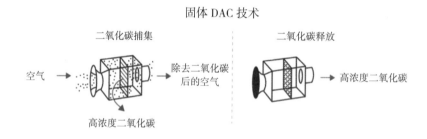

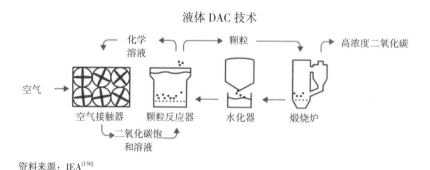

资料来源：IEA[130]

图 3-28　固体和液体 DAC 技术示意图

对比两种技术，S-DAC 工艺简单、设备紧凑，而 L-DAC 则流程复杂、操作难度更高。不过，后者由于采用化学反应的方式对二氧化碳进行捕集，其吸收效率更高、选择性更好，更适合处理二氧化碳浓度较低的气体。由于液体吸收过程中形成的化学键要强于分子间作用力，在再生过程中，L-DAC 需要在高温（300~900℃）下进行，能耗更高，且溶液回收过程也需要消耗一定的水。S-DAC 设备普遍较小，捕集能力偏低，并且需要不停地在捕集—释放（再生）两个工况之间进行切换，因此连续运行能力差，而 L-DAC 的捕集能力更强，可以连续不间断工作，更适合规模化部署和工业化应用。目前，还有一些新的 DAC 技术包括电子变压吸附、基于薄膜的 DAC 技术等，这些技术多数还处于实验室研发阶段。

2. 产业现状及趋势

截至 2021 年底，全球已有 18 个 DAC 设施部署在加拿大、欧洲和美国，整体的二氧化碳捕集能力约在 100kt/a。其中，迄今规模最大的一座 DAC 工厂 Orca 建于冰岛首都雷克雅未克一处地热发电站附近。该工厂于 2021 年底投运，每年捕获近 4000t 二氧化碳。被捕集后的二氧化碳溶解在淡水中，并通过高压注入地下 800~2000m 深的玄武岩中进行固化。此外，全球第一座 Mt 级 DAC 装置正在进入快速研发阶段，预计将在 2025 年前后在美国完成部署。目前，这些商业化示范项目的开发和核心技术研制主要由欧美国家的公司主导，比如瑞士的 Climetwork、加拿大的 Carbon Engineering 以及美国的 Global Thermostat 和 Infinitree 等公司。

总体上看，DAC 技术成本要比 CCUS 高，这主要源于前者的捕集环境中二氧化碳浓度更低，技术要求更高且能耗更大。由 Carbon Engineering 设计的 Mt 级 L-DAC 系统的中试数据显示，该套设备的平准化 CO_2 捕集成本在 94~232 美元 /t[131]，是目前 CCUS 捕集成本的 5 倍以上。图 3-29 显示的是二氧化碳捕集成本随二氧化碳浓度变化的情况。可以看出，在工业领域使用的 CCUS 技术，其捕集成本均在 100 美元 /t 以下。其中，天然气处理的二氧化碳捕集成本最低，在 20 美元 /t 左右，约为当前 DAC 捕集成本的十分之一！尽管如此，DAC 技术依然有较大的降本空间，这主要取决于二氧化碳吸附 / 吸收材料的革新、工艺技术的发展、项目规模的扩大以及用能成本的降低（利用可再生电力）等。另外，碳市场价格和碳税政策也是促进 DAC 发展的重要外部因素。根据 IEA 的预测，在 2050 年净零情景下，DAC 技术的二氧化碳捕集能力在 2030 年将达到 85Mt/a，到 2050 年将提升至 980Mt/a，成为负碳技术的重要补充[130]。

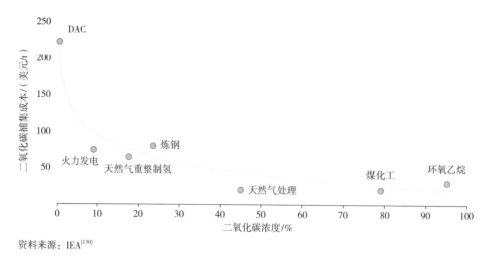

资料来源：IEA[130]

图 3-29　二氧化碳捕集成本随二氧化碳浓度变化情况

3.6　氢能

由于化石燃料均含有碳元素，在使用过程中，难免造成大量的碳排放，加剧了全球气候变化程度。为此，人类社会开始思考，是否存在一种来源广泛、供应稳定、经济实惠的无碳能源，可以替代化石能源并直接用于生产生活中呢？于是，氢能概念呼之欲出。众所周知，氢分子由两个氢原子组成，是自然界已知质量最轻、结构最简单的分子。如果氢可以像石油、天然气一样被安全地使用，人们不仅可以从源头上解决化石能源的碳排放问题，还能将化石能源枯竭的焦虑抛之脑后。这种梦想是否能够成真？氢能将会在碳中和愿景下扮演何种角色？在本书接下来的章节中，我们将深入探讨氢能的发展历程和未来趋势，并对建设氢能社会进行展望。

第四章

走向碳中和之路的氢能角色

氢在元素周期表中排在首位，它的相对原子质量为 1，是所有元素中相对原子质量最轻同时也是自然界分布最为广泛的元素，占据宇宙所有原子数量的 91.2% 和质量的 71%，近 75% 的物质都包含氢元素[132]。常温常压下氢的单质形态为氢气，无色无味且无毒，极易燃烧，不易大量聚集并形成天然氢气藏，导致人们难以察觉氢气的存在。欧洲文艺复兴之后，人类科学技术水平得到大幅提升，先进化学理论和实验仪器的诞生使得人类发现了氢的存在，并发明了一系列具有划时代意义的技术，推动了氢在人类社会的应用。

4.1　氢的发现和利用

历史上关于谁最先发现氢（若非特别注明，下文提到的氢均指氢气，即氢元素的单质）的争论一直存在，比较公认的是英国物理学家、化学家亨利·卡文迪许（Henry Cavendish），他是世界上最先将氢气作为单一物质进行研究的科学家。为了证明地球上存在这种看不见、摸不着的可燃气体，他在英国皇家学会的展示实验中，将活泼金属锌扔进酸溶液，并收集反应后产生的气体，使其与空气混合。随后，他轻易地点燃了混合气体，淡蓝色的火焰震惊了所有在场的科学家。卡文迪许还发现，这种气体燃烧后只会产生一种液体——水。他于 1766 年通过发表学术文章，揭示了利用实验方法获取氢气的方式，并将氢气称为"易燃空气（Inflammable Air）"[133]。17 年以后，法国著名化学家安托万·拉瓦锡（Antoine Lavoisier）首次确认了"易燃空气"由氢元素组成，并将其命名为"氢（Hydrogen）"，意为"合成水之物（Water Former）"。

氢的发现使得整个科学界为之兴奋，关于氢的制取和使用成为研究的重点。1789 年，荷兰人亚拉恩·范·特罗斯特伍耶克（Adriaan van Troostwijk）和约翰·德尔曼（Johan Deiman）向水中导入直流电后，首次发现有氢气生成的现象。1800 年，英国科学家威廉·尼科尔森（William Nicholson）和安东尼·卡莱尔（Anthony Carlisle）将铜－锌电池（即伏特电池❶）的两极浸润在水中，并观察到电池的正极和负极分别产生了氧气和氢气。这场实验不仅开辟了氢气生产的新途径，还证明了电流与化学

❶ 伏特电池也叫作伏特堆，由意大利物理学家亚历山德罗·伏特(Alessandro Volta)于1800年发明，成为世界上第一块电池，电压单位伏特即是以他的姓命名的。

反应存在密切联系，催生了电化学这门新学科[134]。氢气的易燃特点使得人们开始从能源的角度思考氢气的用途。1807年，瑞士工程师弗朗索瓦·艾萨克·德·里瓦兹（François Isaac de Rivaz）制造了第一款单缸氢气内燃机，并为此申请了发明专利。该台氢气内燃机的工作原理与普通内燃机类似，即将氢气与空气混合后注入气缸内点燃，使气体的热能转化为活塞运动的机械能，推动车辆行驶。但由于氢气的单位体积能量密度低，并且获取难度和成本居高不下，氢气内燃机的推广面临很多现实障碍[135]。随着汽油和柴油内燃机的发明，氢气内燃机逐渐淡出了人们的视野。

然而，科学家并未停止对氢的探索。1839年，英国科学家威廉·格罗夫（William Grove）在一次实验中让两根铂金属电极分别与氢气和氧气接触，并使电极的另一端浸润在硫酸溶液中，此时他意外地发现电极之间产生了电流[136]。世界上第一块燃料电池由此诞生，发明它的格罗夫也被誉为"燃料电池之父"。燃料电池的发明，使人们可以将氢气和氧气的化学能直接转化为电能进行利用，这比直接燃烧的方式更加安全和高效，为氢发展成为能源奠定了基础。

人们还进一步发现，氢不仅可以作为能源使用，也是重要的农业和化工原料。最值得一提的当属德国巴登苯胺碱厂（现巴斯夫公司）。1909年，在巴登苯胺碱厂工作的卡尔·博施（Carl Bosch），通过改良化学家弗里茨·哈伯（Fritz Haber）的合成氨工艺，成功发明了哈伯－博施（Haber–Bosch）合成氨工艺：在200atm和500℃高温下，使用铁催化剂将氢气和氮气在容器中反应生成氨。此项革命性技术使大规模、低成本生产农业所需的氮肥成为可能，让人类从此摆脱了"看天吃饭"的传统生产方式（图4-1）。同样是在巴登苯胺碱厂，为哈伯－博施工艺研发催化剂的化学家阿尔温·米塔施（Alwin Mittasch）和马赛厄斯·皮尔（Mathias Pier），

资料来源：巴斯夫官网

图4-1　世界上第一个合成氨工厂于1913年在德国奥堡投产

发明了一种含有氧化铬和氧化锌的催化剂，直接将合成气（CO+H₂）转化成了甲醇。这一重要发明显著降低了甲醇的生产成本，推动了现代化工产业的发展[137]。

另外，氢在石化行业的作用也不容小觑。20 世纪以来，燃油汽车、飞机等现代交通工具的普及拉动了石油需求，油品的种类和质量也随之增加，这有赖于加氢工艺的发展。对含碳燃料进行加氢处理可以追溯到 19 世纪中期。彼时的技术水平已经可以将煤炭通过加氢方式制成液态轻烃燃料，即煤制油技术。1927 年，世界上首个煤制油工厂在德国洛伊纳（Leuna）正式投运，而第二次世界大战所造成的石油短缺，使德国加速升级煤制油工艺，其产能在 1944 年一度达到了 3.17Mt/a 的峰值[138]。1950 年前后，催化重整技术的推出和应用，使人们可以大量获取价格低廉的氢气，加氢处理技术因而在燃料生产领域得到了进一步应用。特别是在石油炼制领域，许多炼油厂利用加氢处理技术，去除石脑油、汽油、柴油等石油馏分❶中的硫、氮、氧等杂质元素，提升燃料的品质。此外，20 世纪 60 年代投入工业化应用的加氢裂化技术可以使渣油❷裂化为分子结构简单的轻烃，从而生产出汽油、柴油或者乙烯原料等品质更优、附加值更高的产品。

目前全球氢需求量约为 100Mt/a，而随着全球经济复苏，氢的需求或将逐渐上升。图 4-2 展示的是氢气从生产端至消费端的流向图。可以看出，天然气制氢、煤

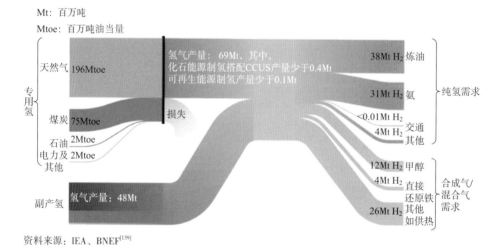

Mt: 百万吨
Mtoe: 百万吨油当量

专用氢
天然气 196Mtoe
煤炭 75Mtoe
石油 2Mtoe
电力及其他 2Mtoe
损失
氢气产量：69Mt，其中，化石能源制氢搭配CCUS产量少于0.4Mt 可再生能源制氢产量少于0.1Mt
38Mt H₂ 炼油
31Mt H₂ 氨
<0.01Mt H₂ 交通
4Mt H₂ 其他
纯氢需求
12Mt H₂ 甲醇
4Mt H₂ 直接还原铁
26Mt H₂ 其他 如供热
合成气/混合气需求
副产氢 氢气产量：48Mt

资料来源：IEA、BNEF[139]

图 4-2　2018 年全球氢能供需情况示意图

❶ 石油馏分是指原油通过物理蒸馏的方法在不同沸点范围下分离得到的油品。在此过程中，原油内部的各种化合物基本上没有发生化学变化。一般来讲，常压蒸馏70～200℃的轻馏分称为汽油馏分；常压蒸馏200～350℃的中间馏分称为煤油或柴油馏分；大于350℃的馏分称为常压渣油或常压重油。
❷ 渣油是指原油经过常压和减压蒸馏所得的剩余物质。

碳中和与氢能社会

气化制氢和副产氢是氢的主要生产方式。从氢的消费领域看，有 32% 的氢用于石油炼制，剩余部分则用于合成氨（26%）、甲醇（10%）和其他领域[139]。在当前，工业原料是氢在现阶段最主要的用途，而氢在能源领域的应用却迟迟未能形成规模。

4.2　氢的能源特点

其实早在 20 世纪 70 年代第一次石油危机期间，西方国家为减少化石能源依存度就已经提出了"氢能"概念。然而，无论是选择电解水制氢还是化石能源制氢路线，氢的生产均无法摆脱对化石能源的依赖，高成本、高排放也使得氢能的发展停滞不前。进入 21 世纪，风电、光伏等新能源技术发展迅猛，装机量和发电量逐年攀升，正在推动全球能源结构从以化石能源为主体向以可再生能源为主体的方向转变。能源格局的演进也同时推动着整个社会的变革，"碳中和""气候变化""循环经济"等从无人问津的生僻词变成了人尽皆知的高频词，这也使得"氢能"再一次获得了国际社会的关注。

众所周知，氢具有质量能量密度高的特点。从图 4-3 可以看出，单质氢气的能量密度达到了 120MJ/kg，远远超过了同等质量下化石燃料、生物质燃料及锂电池所携带的能量，约为天然气的 2.5 倍、汽油的 2.7 倍。然而，从体积能量密度看，在相同体积下，氢气在常温常压下的体积能量密度低于天然气，且远不及汽油、柴油和煤炭；即使将氢气液化成为液氢之后，其体积能量密度依旧不高。氢的能量密度特点决定了它在体积敏感度低但质量敏感度高的场景更具优势。

从能源的生产角度来看，氢和电力同属二次能源，均需要通过其他能源进行转化而得到。在第二次工业革命之后，电力走入千家万户，成为生产生活必不可少的能源。那么，同属二次能源的氢能否像电力一样被广泛普及呢？为此，我们需要将氢与电力进行对比。从表 4-1 可以看出，电力相比于氢气在制、储、运、用等各环节上的经济性优势比较明显。此外，氢气在各环节成本变化区间较宽，意味着氢气产业不同环节上技术发展水平差别较大，产业整体发展不均衡。

然而，电力作为能源使用也面临明显的短板，最主要的瓶颈在于电能存储。虽然电力存储技术特别是电化学储能技术在近年来发展迅速，投资成本逐年降低，但该技术受能量密度的限制，仅能满足小时级的储能响应要求，在存储容量和经济性上难以满足终端用能电气化的发展需要。相反，氢可以作为优良的能量存储介质，

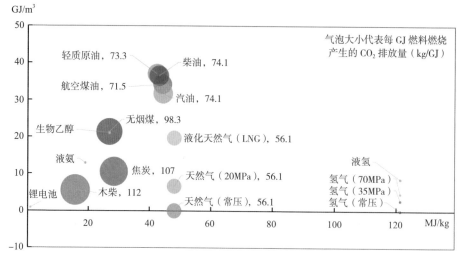

资料来源：The Engineering Toolbox、美国能源部、《IPCC 国家温室气体清单指南》

图 4-3   不同燃料的能量密度及二氧化碳排放强度情况（取低位热值对比）

解决大规模储能难题，与可再生能源发电可以形成良好的协同发展效应。更重要的是，氢具备电力所没有的物质属性，可实现电—热—气不同性质能源（或称异质能源）之间的相互转化，是在可预见的未来实现大规模跨能源网络协同优化的主要甚至是唯一途径。

表 4-1   电力与氢气对比

	环节	电力	氢气
生产	方式	化石能源、可再生能源、核能等	化石能源、可再生能源电解、工业副产、光催化等
	成本 /（元 /kWh）	0.20~0.55	0.27~1.50
存储	方式	电化学储能、抽水蓄能、电气储能等	盐穴、高压储氢瓶 / 罐、液态储氢（低温或有机氢载体）、固态储氢
	成本 /（元 /kWh）	0.2~0.8[①]	0.3~21.0[②]
运输	方式	输电线路	管束车、液氢槽车、输气管道
	成本 /（元 /kWh）	0.020~0.160[③]	0.036~0.420[④]
应用	行业	建筑、工业、交通等	建筑、工业、交通等

① 何颖源（2019）[140]。
② Elberry（2021）[141]。
③ 取 220kV 及以上工业用电输配电价[142]。
④ 取 100km 输氢成本数据[143,144]。

与电气化技术相比，氢能具有哪些优势呢？从图 4-4 可以看出，氢能占据绝对优势的领域位于右上角的炼油和化工板块，这也是氢在当前应用得最广泛、最成熟的领域。其次，钢铁、远洋运输、长距离航空运输和长时储能等也是氢能具有一定竞争优势的领域，而氢能技术在长距离货运卡车、工业高温供热、轮渡和火车等领域也具有一定的发展空间。相比之下，短距离公共交通、乘用车、小规模储能以及户用供暖方面，氢能竞争优势尚不明显。在碳中和大背景下，氢能将与电气化技术一道为社会绿色低碳转型提供支撑，而氢能的应用领域也将从传统的炼油、化工延展至冶金、交通运输、大规模储能等其他领域，多元化趋势日益显现。

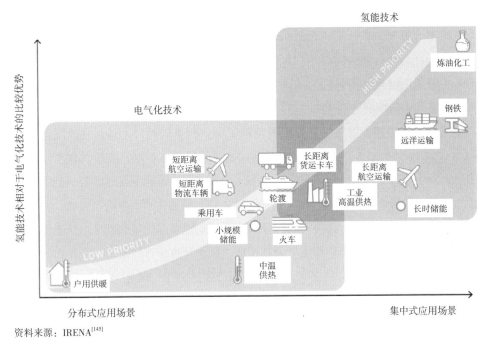

资料来源：IRENA[145]

图 4-4　IRENA 关于氢能应用技术与电气化技术的对比研究

4.3　氢的安全性

氢自从被发现以来，已经广泛应用在工业、农业和科学研究领域，在天然气普及之前，人们日常生活所使用的管道煤气中也含有一定比例的氢气，尽管大多数人并没有意识到氢气的存在。"闻氢色变"是当前社会公众谈到氢气的主流反应。众所周知，氢气无色无味，是一种极易挥发的易燃气体，人们总能把火灾、爆炸和氢气联想在一起。包括我国在内的多个国家将氢气按照危险化学品进行管理，颁布实施了氢气使用安全技术规程等标准，规范氢气的生产、运输和使用等多个环节。

说到氢气事故，历史上最著名的事件之一是"兴登堡"号飞艇空难。1937 年 5 月 6 日，由德国齐柏林飞艇公司建造的"兴登堡"号在美国新泽西州莱克赫斯特上空突然起火燃烧，短短几十秒内，火焰在氢气的助燃下迅速吞噬了这艘长 245m、重 110t 的巨型飞艇，造成 36 人遇难。事故调查发现，此次空难真正的原因是飞艇外壳的漆面采用了易燃涂料，静电产生的火花引燃了涂料，烧穿了飞艇结构，导致氢气大量泄漏，并加速火焰蔓延[133]。不过这场火灾并没有造成爆炸事故，97 名乘客（包括乘务员）中有 61 人逃生（图 4-5）。

其实，氢气易燃并不一定意味着易爆，如果科学制定氢的"制储运输用"各环节的标准与规范并操作得当，氢的安全性是可以得到保障的。这首先需要我们深入了解氢的物理化学属性。从表 4-2 可以看出，汽油是最容易燃烧的物质，当汽油在空气中的浓度达到 1% 时，一旦遇到明火就能被瞬间点燃。不过，从燃烧浓度范围看，汽油和天然气的燃烧浓度范围较窄，而氢气最大，其燃烧浓度范围在 4.0%~75.0%，可以说，氢气一旦泄漏后，如果通风条件不足，则极易在密闭空间遇明火发生燃烧。此外，氢气的引燃能只有 0.011mJ，远低于其他燃料，静电或者金属摩擦产生的小火花就能点燃氢气。然而，易燃只是导致事故的一方面，人们更多的是担心爆炸的危害，这将对周围环境和居民造成难以估量的破坏。从表中可以看出，汽油和天然气的爆炸浓度下限都很低，极易导致爆炸的发生。相比而言，氢气的爆炸浓度下限则要高得多，只有当体积浓度达到 18.3% 时才会导致爆炸的发生。此外，结合扩散系数和密度来看，氢气在空气中的扩散速度比其他两种燃料更快，密度更小，一旦发生泄漏，氢气会快速逸散，产生聚集的可能性较低，很难达到爆炸极限。在自燃温度方面，氢气与天然气接近，远高于汽油自燃温度，因此对于存储环境的温度要求不会特别严苛。那么一旦发生爆炸，氢气会比汽油和天然气更具有破坏力吗？其实不然。

资料来源：Computer World

图 4-5 "兴登堡"号飞艇事故照片

从单位体积发热量和爆炸能方面看，氢气的指标均远低于汽油和天然气，且不含毒性。如果采用相同体积存储三种燃料，氢气的破坏力最小，并且由于密度低，其爆炸方向更多朝向空间顶部，一定程度上缩小了爆炸所产生的破坏范围。

表4-2　汽油、天然气和氢气物理化学性质对比（在空气和常温常压情况下）

物理化学属性	汽油	天然气	氢气
燃烧浓度范围 /vol %	1.0～7.6	5.0～15.0	4.0～75.0[①]
爆炸浓度范围 /vol %	1.1～3.3	6.3～13.5	18.3～59.0[②]
扩散系数 / (m²/s)	5×10^{-6}	1.6×10^{-5}	7.6×10^{-5}
密度比重（空气 =1）	3.4～4.0[③]	0.55	0.0695
自燃温度 /℃	228	540[④]	585
引燃能 /mJ	0.8[⑤]	0.28[⑥]	0.011[⑥]
爆炸浓度范围 /vol %	1.1～3.3	6.3～13.5	18.3～59.0
单位体积发热量 / (MJ/Nm³)	242.7	55.5	12.8
单位体积爆炸能 / (gTNT/Nm³)	44.22	7.03	2.02
毒性	高	中	无

注：未标注数据来自曹湘洪 (2020)[151]。
①Cashdollar(2000)[146]。
②Dagdougui(2018)[147]。
③ 汽油蒸汽密度。
④Robinson(1984)[148]。
⑤Barauskas(2003)[149]。
⑥Haase(1976)[150]。

　　总的来说，氢气属于易燃但不易爆的物质，其危险性是可防可控的。如果我们根据氢气的物理化学性质，科学制定生产、运输、销售和使用等环节的安全规范，并同时向社会公众普及氢能使用的安全常识，在当前技术水平下，民用领域实现氢能技术的安全应用并非"天方夜谭"。

4.4 氢能技术与应用

4.4.1 燃料电池

燃料电池技术的出现使氢的利用摆脱了剧烈燃烧的传统供能方式，不仅提升了能源使用效率，而且大幅改善了氢燃料的使用安全性，扩展了氢的应用场景。因此燃料电池技术被认为是解锁氢能源属性的"金钥匙"。

与火力发电技术不同，燃料电池可以将反应物（一般为氢气和氧气）的化学能在催化条件下直接转换为电能，避免了剧烈的燃烧过程，简化了化学能—热能—机械能—电能的转化环节，使得发电不再"绕道而行"，从而减少了能量的损耗。从理论上看，燃料电池的发电效率可以接近100%，但目前技术上能够稳定实现的效率基本在60%左右，但也远高于火力发电技术的效率[152]。此外，燃料电池在运行过程中也会产生热量，如固体氧化物燃料电池、熔融碳酸盐燃料电池等高温燃料电池，它们的运行温度较高（一般大于400℃），十分适合采用热电联产联供方式对外供能，其综合效率可达80%以上。除了效率高之外，氢与氧在燃料电池中发生电化学反应后仅会产生水，不会对环境造成影响，这也是燃料电池最显著的优势之一。

燃料电池的核心发电场所是电堆，它通常是由多个被称为膜电极的基本发电单元串联组成，主要结构和工作原理如图4-6所示。通常来说，膜电极包含电解质、催化层（多孔状阴阳两极）、气体扩散层，是发生电化学反应的核心场所，决定着燃料电池的性能强弱。氢和氧在物理空间上被电解质（隔膜）分割在电池两端，以避免两种气体混合发生爆炸。这种电解质具有选择透过性的功能，可以让一些阴离子（如OH^-）或阳离子（如H^+）顺利通过，从而完成电化学反应。以质子交换膜燃料电池为例，氢气在燃料电池阳极一侧进入，在催化剂作用下发生氧化反应生成H^+和电子。随后，H^+和电子分别通过电解质和外部电路迁移至阴极，氧气分子在阴极发生还原反应，生成电中性的水分子。除了膜电极之外，电堆内部还包括双极板、集流板、绝缘板和端板等结构件，起到电流传导、气体进出、排水排热和机械支撑等作用。

阳极反应：
$$H_2 \rightarrow 2H^+ + 2e^-$$

阴极反应：
$$\frac{1}{2}O_2 + 2H^+ + 2e^- \rightarrow H_2O$$

总反应：
$$H_2 + \frac{1}{2}O_2 \rightarrow H_2O$$

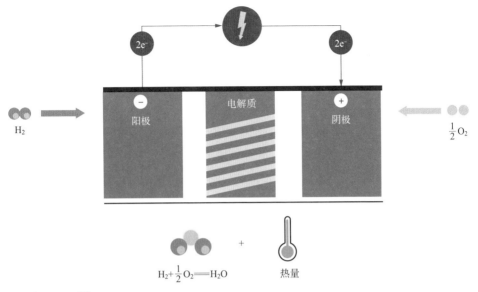

资料来源：Shell[152]

图 4-6 质子交换膜燃料电池膜电极工作原理

1. 燃料电池种类

燃料电池根据电解质的类型可以分为碱性燃料电池（Alkaline Fuel Cell，AFC）、质子交换膜燃料电池（Proton Exchange Membrane Fuel Cell，PEMFC）、磷酸燃料电池（Phosphoric Acid Fuel Cell，PAFC）、熔融碳酸盐燃料电池（Molten Carbonate Fuel Cell，MCFC）、固体氧化物燃料电池（Solid Oxide Fuel Cell，SOFC）。这些燃料电池的运行温度依次升高，对氢气的纯度要求依次降低。以下简要介绍各种燃料电池技术的原理[152]。

⬤ 低温燃料电池

碱性燃料电池

碱性燃料电池是开发时间最早、技术发展最为成熟的燃料电池技术。英国剑桥大学弗朗西斯·培根（Francis Bacon）在 20 世纪 30 年代成功研制出了多孔状镍基电极，成为碱性燃料电池技术发展的里程碑事件[153]。到 20 世纪 60 年代，碱性燃料电池首次作为便携式电源被应用于美国阿波罗载人登月飞行任务。随后，碱性燃料电池的功率不断增大，应用场景已不再局限于便携式电源，一些固定式大型电源也开始采用该技术。

碱性燃料电池的原理如图 4-7 所示。氢气在阳极与此处的 OH⁻ 离子发生氧化反应，生成水和电子。电子通过外部电路迁移至阴极，与氧气发生还原反应产生

OH⁻ 离子。在此处产生的 OH⁻ 离子可以通过隔膜迁移至阳极，继续与氢气发生氧化反应，从而持续产生电流。从技术特点上看，碱性燃料电池属于低温燃料电池，工作温度一般在 60~90℃，采用碱性溶液（一般是氢氧化钾溶液）作为电解质，并采用成本相对低廉的多孔镍基材料制作电极，避免了贵金属的使用，大幅降低了设备的整体制造成本。不过，碱性燃料电池也存在一些问题，比如它对二氧化碳的耐受性很低，碱性溶液长期暴露在空气中会产生碳酸盐，影响电解液的导电性能，从而降低燃料电池的发电效率[153]。此外，使用碱性溶液还会造成设备潮湿、腐蚀以及压力控制等难题。为了解决以上问题，科学家已研制出碱性膜燃料电池技术（Alkaline Membrane Fuel Cell，AMFC），大幅提升了对于二氧化碳的耐受性能，不过功率不高，仅能达到 kW 级别，与质子交换膜燃料电池技术存在明显差距[154]。

质子交换膜燃料电池

质子交换膜燃料电池又称作聚合物电解质膜燃料电池，采用可传导离子的固态聚合膜作为电解质，使质子也就是氢离子（H⁺）在膜之间发生迁移（由阳极转移至阴极），从而持续发生电化学反应并产生电流（见图 4-7）。与碱性燃料电池类似，质子交换膜燃料电池的运行温度一般小于 100℃；不同的是，该技术不含液态电解质，设备结构简单且紧凑，具有响应速度快、功率密度高等优势，特别适合移动应用场景比如汽车、船舶和飞机。不过，该技术需要使用铂等金贵金属作为电极催化剂，制造成本高昂，设备价格是相同功率碱性燃料电池的数倍甚至是数十倍。

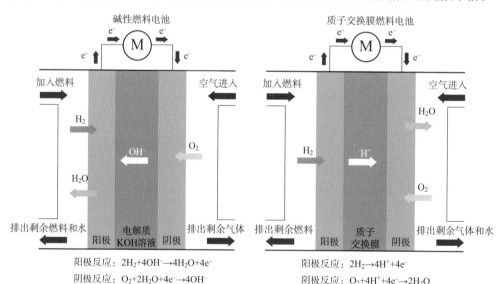

图 4-7 碱性和质子交换膜燃料电池工作原理图

此外，贵金属催化剂对于反应气体的纯度要求极高，如果遇到一氧化碳等杂质气体，其催化性能将会大幅下降甚至失效。

为了提高电池发电效率和杂质气体的耐受能力，高温质子交换膜燃料电池（HT-PEMFC）技术正处于研发阶段。该技术使用一种新型的酸掺杂高温质子交换膜（如磷酸），发电过程不再需要水参与离子的传导，简化了排水系统，同时也提升了电池的运行温度，使其可以在200℃左右运行。由于运行温度较高，这种技术还可用于热电联产联供，综合效率比一般的低温质子交换膜燃料电池更高。然而，高温质子交换膜燃料电池技术还处于研发阶段，并且需要采用耐热性和耐酸性强的先进材料，导致生产成本昂贵，在一定程度上限制了其商业化推广的进度[152]。

● 中温燃料电池

磷酸燃料电池

磷酸燃料电池使用高浓度液体磷酸（H_3PO_4）作为电解质，通过多孔碳化硅基质的毛细管作用将其进行稳定存储，工作原理如图4-8所示。同质子交换膜燃料电池一样，磷酸燃料电池工作时的传导离子是氢离子（H^+），其阳极和阴极上的电化学反应也与之相同。不同的是，磷酸燃料电池的工作温度比质子交换膜燃料电池高，一般为170~210℃。此外，磷酸燃料电池的发电效率偏低，仅为40%左右，但若采用热电联产联供模式，其综合效率可以提升至约80%[154]。

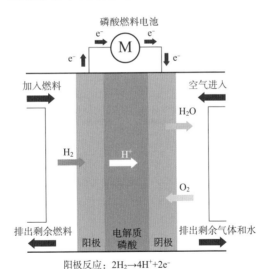

阳极反应：$2H_2 \rightarrow 4H^+ + 2e^-$
阴极反应：$O_2 + 4H^+ + 4e^- \rightarrow 2H_2O$

图4-8　磷酸燃料电池原理图

从燃料电池的结构上看，磷酸燃料电池与质子交换膜燃料电池类似，其多孔碳电极均含有铂金属催化剂。不过，由于磷酸电解质的存在，磷酸燃料电池对于氢气的纯度要求不高，只要氢气中的一氧化碳浓度不超过 1.5%，设备就可以正常运行。正因为如此，化石能源制氢和工业副产氢在经过简单提纯之后，即使含有少量一氧化碳和二氧化碳，也可以直接被用于磷酸燃料电池[155]。在应用方面，磷酸燃料电池的功率可达 MW 级，更适合于固定式场景，比如分布式小型发电站或者医院、学校等建筑物的备用电站等。由于磷酸燃料电池功率密度较小、设备复杂且贵金属载量大，装置的制造成本和运维成本比较高，未来的降本空间有限，因此关注度不如其他技术。

● 高温燃料电池

熔融碳酸盐燃料电池

熔融碳酸盐燃料电池的电解质是熔融态碳酸盐，它存储在多孔状偏铝酸锂陶瓷材料（$LiAlO_2$）中，可以在高温状态下保持稳定并选择性透过碳酸根离子（CO_3^{2-}），其工作原理如图 4-9 所示。氢气在阳极上与碳酸根离子发生氧化反应，产生二氧化碳和水，并释放电子。随后，电子通过外部电路迁移至阴极，与此处的氧气和二氧化碳发生还原反应，产生碳酸根离子；该离子通过电解质迁移至阳极，进入下一个循环。值得注意的是，熔融碳酸盐燃料电池中的二氧化碳在阳极是产物，在阴极则为反应物，在电池实际工作中可以实现循环利用，使得电化学反应能够持续进

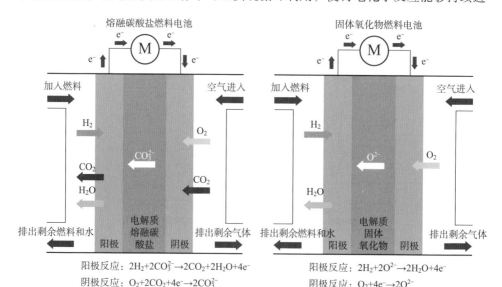

图 4-9　熔融碳酸盐和固体氧化物燃料电池工作原理图

行。此种电池的工作温度较高，一般在 600~700℃，属于高温燃料电池，电池的发电效率高于磷酸燃料电池，可达 65%[154]；若采用热电联产联供模式，则可将整体效率提高到 85% 左右[152]。

相比于其他燃料电池技术，熔融碳酸盐燃料电池可以不必使用纯氢作为燃料，天然气、生物沼气或者甲醇等均可以直接通入电池设备，在高温作用下，这些气体将发生"内部重整（Internal Reforming）"，产生氢气，免去了复杂的制氢环节，因此节省了运行成本[154]。此外，该技术不需要使用昂贵的贵金属作为催化剂，降低了设备的制造成本。

不过，熔融碳酸盐燃料电池也有一些劣势。由于电池的运行温度高，电池中的各部件在高温环境下容易产生加速老化甚至分解的现象，严重影响电池的寿命。此外，电池运行中，从阳极排出的二氧化碳气体需要经过脱氢处理，再按一定的比例与空气混合送入阴极。二氧化碳循环系统增加了电池结构设计和控制的复杂性，同时提高了制造和运维难度。目前来看，熔融碳酸盐燃料电池已实现了 MW 级的规模，主要应用在发电领域，但市场规模较小。

固体氧化物燃料电池

固体氧化物燃料电池的电解质由固体多孔陶瓷材料组成，依据电解质导电粒子的种类，可以分为固体氧化物氧离子导体（O-SOFC）和固体氧化物氢离子导体（H-SOFC）两大类，其中前者技术更为成熟，应用也更为广泛。图 4-9 显示的是 O-SOFC 的工作原理。在阳极侧，氢气与氧离子（O^{2-}）发生氧化反应，产生水和电子。电子通过外部电路进入阴极侧，与在此处的氧气发生还原反应，产生 O^{2-}。随后，O^{2-} 通过电解质迁移至阳极，进入下一个电化学循环。这种燃料电池的电解质一般由掺钇稳定氧化锆材料（Yttria-stabilised Zirconia，YSZ）制成，具有耐磨性能好、高温性能佳、机械性能优、离子传导性强等特点，可在 O-SOFC 的正常工作温度范围内（700~1000℃）对氧离子进行高效传导[156]。与熔融碳酸盐燃料电池一样，固体氧化物燃料电池也不需要使用贵金属催化剂，电极的制造成本具有较大的降本空间，并且该技术同样可以使用气态轻烃（如甲烷）或者合成气（氢气与一氧化碳）作为原料，在高温条件下实现内部重整，产生氢气参与电化学反应。不过，这种方式虽然扩展了燃料电池的燃料品种，但是由于燃料中含有碳元素，一方面会产生二氧化碳气体，造成环境污染；另一方面会使阳极出现积炭现象，导致多孔电极出现封堵情况，阻碍气体交换，从而降低燃料电池的性能[157]。

相比于其他燃料电池技术，固体氧化物燃料电池的发电效率较高，能够达到

60% 以上；如果采用热电联产联供方式，则可以将整体效率提升至约 85%。此外，该燃料电池的寿命较长，可以达到约 50000h，是低温燃料电池寿命的近 10 倍。由于电极不含贵金属催化剂，此种燃料电池对于一氧化碳和硫黄有更强的耐受能力，对于原料的氢气纯度要求更低，在理论上具有广阔的应用潜力。不过在实际中，由于固体氧化物燃料电池的工作温度极高，反应环境还可能包含一氧化碳、二氧化碳和硫黄等复杂成分，这要求电池内部材料和零部件需要有较强的耐高温性和抗腐蚀性，制造成本相比于低温电池更高。另外，固体氧化物燃料电池需要较长时间进行预热，并且高温工作环境使得这类电池仅适合在固定式场景发挥作用，比如大型建筑的备用电站或者大型热电联供发电厂等。随着技术的不断进步和成本的快速降低，近年来，固体氧化物燃料电池在数量和装机容量方面已发展成为仅次于质子交换膜燃料电池的第二大燃料电池技术，发展势头良好。

不同类型燃料电池的属性总结在表 4-3 中。从市场潜力来看，质子交换膜燃料电池在功率密度、灵活性和降本潜力等方面最具竞争力，已在交通领域得到广泛应用（汽车、轮船、飞机等）。固体氧化物燃料电池因其综合效率高、输出功率大的特点已在固定式场景中开展商业化示范应用，其市场前景仅次于质子交换膜燃料电池。

表 4-3　燃料电池性能对比

类型	低温燃料电池（60~200℃）		中温燃料电池（160~220℃）	高温燃料电池（600~1000℃）	
	质子交换膜燃料电池（PEMFC）	碱性燃料电池（AFC）	磷酸燃料电池（PAFC）	熔融碳酸盐燃料电池（MCFC）	固态氧化物燃料电池（SOFC）
电解质	聚合物电解质	氢氧化钾溶液	高浓度液体磷酸	熔融碳酸盐	氧化钇、氧化锆等固体氧化物
传导离子	H^+	OH^-	H^+	CO_3^{2-}	O^{2-}
燃料	纯氢	纯氢	高浓度氢气	净化煤气、天然气、氢气	净化煤气、天然气、氢气
催化剂	铂	铂、钯等	铂	镍	镍
氧化剂	空气	纯氧	空气	空气	空气
工作温度/℃	低温：50~100 高温：<180	60~90	150~200	600~700	700~1000
启动时间	几分钟	几分钟	~1h	>1h	>1h

类型	低温燃料电池（60~200℃）		中温燃料电池（160~220℃）	高温燃料电池（600~1000℃）	
	质子交换膜燃料电池（PEMFC）	碱性燃料电池（AFC）	磷酸燃料电池（PAFC）	熔融碳酸盐燃料电池（MCFC）	固态氧化物燃料电池（SOFC）
发电效率/%	40~60	50~60	30~40	50~60	50~70
电堆规模/kW	1~1000	<250	1000	100~1000	1~1000
使用寿命/h	~6000	5000~8000	30000~60000	20000~40000	~50000
市场发展	进入商业化阶段，正在大规模部署	已发展几十年，但仅限于专业应用	较为成熟，但市场空间有限	处于早期阶段	商业化早期阶段，规模逐步扩大
应用领域	交通运输领域（小型乘用车、物流车、商用客车）、固定式领域（小型分布式发电）、便携式领域（移动电源）	小型固定式用电场景、特殊用途（航天领域）	发电厂、备用电源及其他特殊用电需求（军事领域）	发电厂、热电联供设施	发电厂、热电联供设施、重型物流卡车、商用客车、备用电源等
优点	电解质不易损耗；低温运行；快速启动	碱性环境中阴极反应更快，效率更高；成本低	高温实现电热联产；燃料纯度要求不高	高效率；燃料灵活；无须贵金属催化剂；高温实现热电联产	高效率；燃料灵活；无须贵金属催化剂；固体电解质；高温实现热电联产；循环发电
缺点	催化剂成本过高；燃料纯度要求高；余热少	对燃料和空气中的二氧化碳敏感	铂催化剂成本高；启动时间长	高温损坏电池零件；启动时间长；低能量密度	电池材料耐高温、耐腐蚀要求高；性能衰减速率快；启动时间长

资料来源：北汽产投[158]

2. 燃料电池应用

● 燃料电池汽车

如果有人说氢燃料电池汽车是解锁氢能需求的"金钥匙"，这一点也不为过。

图 4-10 展示的是氢燃料电池汽车的结构图。一般而言，氢燃料电池汽车包含燃料电池电堆、储氢罐、驱动电机、热管理系统、辅助电池等零部件，整体结构比纯电动汽车更为复杂，这也是导致氢燃料电池汽车成本高昂的因素之一。其中，占据整车成本约 50% 的燃料电池系统，其制造难度和生产成本长期居高不下，使得氢燃料电池汽车在市场上一直处于"叫好不叫座"的尴尬处境。截至 2021 年底，我国燃料电池汽车累计保有量接近 9000 辆（见图 4-11），而同期纯电动汽车的保有量已达 640 万辆，两者差距十分明显。不过，纯电动汽车也面临发展瓶颈。比如电池能量密度低、充电时间长、安全性能差、低温续航里程缩减等技术难题在短期内难以实现突破性进展，这意味着纯电动汽车技术仅适合解决短途和轻量化的运输需求。相比之下，氢燃料电池汽车具有续航里程长、加注时间短、耐低温能力强等特点，可以弥补纯电动汽车的不足，在城际客运、干线物流、工程车辆、远洋航运甚至航空运输等领域发挥作用。根据中国氢能联盟、中国电动汽车百人会等机构的预计，2025 年我国氢燃料电池汽车保有量预计可达 5 万 ~10 万辆，2030 年前后有望突破百万辆大关。从车型看，商用客车、物流车、工程专用车辆将是未来 10 年氢能汽车的增长主力，而随着燃料电池技术、车载储氢技术和系统集成技术的进步和持续降本，乘用车也将迎来新的增长机遇[159]。

● 固定式燃料电池系统

除了车用燃料电池以外，利用固定式燃料电池系统供电和供热也是氢能的重要应

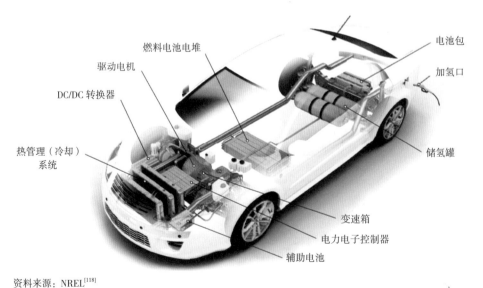

驱动电机
燃料电池电堆
电池包
加氢口
DC/DC 转换器
热管理（冷却）系统
储氢罐
变速箱
电力电子控制器
辅助电池

资料来源：NREL[118]

图 4-10　氢燃料电池汽车

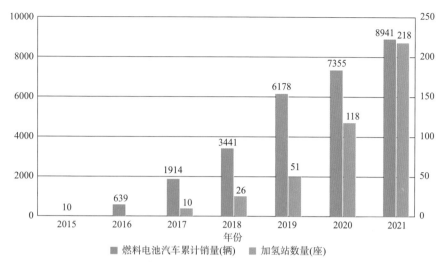

资料来源：中国汽车工业协会及公开信息

图 4-11　2015—2021 年中国燃料电池汽车累计销售量与加氢站数量

用方向。燃料电池能量转化效率高，装置设计紧凑且不含大型运动部件，因此不存在机械磨损和噪声污染等问题，十分适合部署在医院、民宅、学校、中小型分布式电站等场景。从技术上看，目前市场上主流产品以质子交换膜燃料电池（PEM）和固体氧化物燃料电池（SOFC）为主。

固定式热电联供燃料电池系统的应用主要集中在日本和欧洲等发达国家，其中日本已成为家庭式微型热电联供燃料电池系统最大的市场，装机规模稳居世界第一。从 2009 年开始，日本政府开始大力推广户用燃料电池系统 Ene-Farm，分 PEM 和 SOFC 两类产品，其中 PEM 产品的市场占有率最大。图 4-12 展示的是户用型 Ene-Farm 系统的示意图。该套装置的最高输出功率为 700W，发电效率可达 55%，设备热电联供系统总能效在 80%~97%[161]。燃料电池产生的直流电通过逆变器转化为交流电，为家用电器供电。在氢燃料供应不足时，系统的电力控制器还可切换至市电，以保障家庭用电需求。据统计，该装置可为一般家庭供应约 60% 的电力。燃料电池产生的热能用于加热储罐中的水，可使其保持在 65℃的水平。热水储罐与备用的燃气热水器相连，可用于家庭供暖和生活热水供应[162]。截至 2021 年年中，Ene-Farm 项目总共在日本全境推广超过 40 万套户用热电联供燃料电池设备（见图 4-13）。根据日本经济产业省发布的《氢能与燃料电池战略发展路线图》显示，日本将继续推广和研发新一代 Ene-Farm 系统，使设备发电效率到 2025 年时升至 65%，累计销量在 2030 年前实现 500 万套[163]。

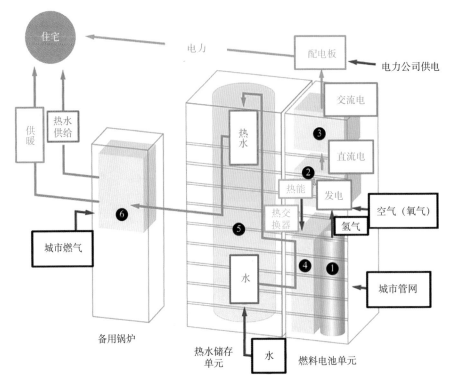

资料来源：Challenge Zero[160]

图 4-12　Ene-Farm 热电联供系统示意图

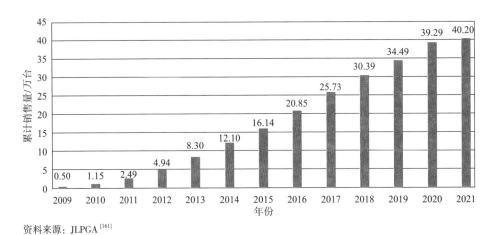

资料来源：JLPGA[161]

图 4-13　2009—2021 年 6 月 Ene-Farm 累计销售情况

　　与日本专注户用微型燃料电池热电联供系统不同，美国则关注开发 MW 级分布式发电系统。美国 Bloom Energy 是世界领先的分布式燃料电池系统制造商，其

碳中和与氢能社会

开发的 SOFC 设备 Hydrogen Energy Server 单机发电功率为 300kW，发电效率达到 52%，可为用户提供 1kW~10MW 不同功率的供电服务[164]。目前，Bloom Energy 在全球范围部署累计超过 500 个发电系统，服务对象既包含苹果、英特尔等科技公司，也包含沃尔玛、宜家等大型商场超市，同时还为 AT&T 等通信公司提供 24h 不间断电力供应[165]。

我国的固定式燃料电池应用尚处于商业化早期。中国科学院大连化学物理研究所是我国从事燃料电池技术研发的主要机构之一，由该所设计的 MW 级 PEM 燃料电池发电系统已交付国网安徽电力公司开展示范运营。同时，舜华新能源也研制出了 100kW PEM 燃料电池热电联产设备，其峰值最高发电效率可达 54%，热电联产总效率超过 90%，目前已在贵阳市投运。总体上看，我国在固定式燃料电池研发和应用方面的发展比较滞后，与日本、美国、德国等发达国家存在明显差距。

4.4.2 氢冶金

氢冶金技术的核心是利用氢气替代煤炭在炼钢过程中的角色。如前面所述，钢铁行业中，多数钢铁厂采用的是传统的高炉—转炉长流程工艺，全球约 70% 的钢铁依赖此路线，而剩余部分则采用的是较为先进的电弧炉炼钢工艺（见图 4-14）[166]。图 4-15 展示了不同炼钢工艺过程中的二氧化碳排放情况。可以看出，长流程工艺碳排放强度最高，二氧化碳主要来自铁矿石还原成铁的过程，这也是该行业最具减排潜力的环节。铁矿石的还原需要大量使用焦炭作为还原剂，使其在不完全燃烧的情况下生成一氧化碳，将铁矿石还原为生铁。然而，此工艺碳排放强度大，生产 1t 粗钢对应的二氧化碳排放量高达 2t。另外，全球还有约 30% 的钢铁采用电弧炉短流程

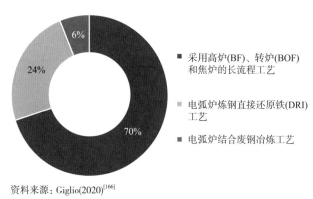

资料来源：Giglio(2020)[166]

图 4-14　全球钢铁冶炼技术使用情况（2018 年）

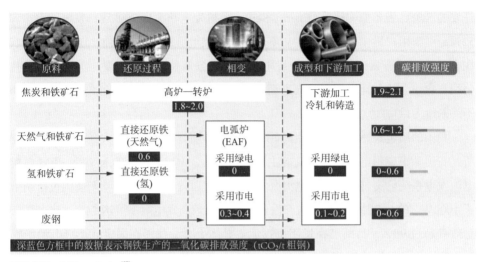

资料来源：Goldman Saches[57]

图4-15 不同钢铁生产工艺的二氧化碳排放强度

工艺，以直接还原铁❶或废钢作为原料进行生产，此类方法的二氧化碳排放强度则要低很多。无论采用何种工艺，只要以铁矿石作为铁源，还原剂的使用是必不可少的。为了降低炼铁环节二氧化碳的排放，天然气替代焦炭作为还原剂也是钢铁工艺减碳的一个方向，可减少约50%的二氧化碳排放量，但依旧无法彻底解决碳排放问题。

为此，人们提出了氢冶金概念，旨在利用氢的强还原性和可燃性特点，从根本上实现对焦炭及天然气的替代。从氢冶金技术的发展情况看，氢在钢铁领域的脱碳作用主要分为两类：一是直接将氢气注入高炉中以替代焦炭作为铁矿石的还原剂；二是作为天然气的替代物用于生产直接还原铁，再通过电弧炉工艺进行冶炼[166]。关于一氧化碳和氢气还原铁矿石的化学式如下所示：

$$Fe_2O_3(s)+3CO(g) \rightarrow 2Fe(s)+3CO_2(g)$$

$$Fe_2O_3(s)+3H_2(g) \rightarrow 2Fe(s)+3H_2O(g)$$

德国蒂森克虏伯等知名钢铁企业已经展开氢基还原制铁示范工程运营，我国宝武集团、中国钢研等钢铁企业也相继开展氢能冶金技术研究和示范应用相关工作。尽管氢冶金技术正在快速发展，但是氢的来源和成本也是不得不考虑的问题。如果采用灰氢，则无法从源头上解决二氧化碳排放问题，但若采用绿氢，则面临成本高昂的现实难题。尽管如此，一些发达国家已经先行一步，积极探索绿氢冶金技术的商业化发展

---

❶ 直接还原铁(Direct Reduced Iron, DRI)是指铁精矿粉(主要成分为氧化铁)在低于矿石软化温度条件下，经还原形成的多孔状金属铁。由于其在显微镜下呈现大量因失氧而形成的微孔，形似海绵，故又称为海绵铁，是重要的炼钢原料。

模式。比如蒂森克虏伯已联手英国石油公司（BP），在德国林根市规划建设 500MW 电解槽项目用于生产绿氢，产能将达到 75kt/a，预计将满足该地区钢铁厂生产直接还原铁的全部用氢需求[167]。随着氢冶金技术的进步和绿氢生产成本的降低，氢冶金的市场规模将不断扩大。

4.4.3　氢燃料燃气轮机

传统燃气轮机以天然气为燃料，经燃烧后将燃料的化学能转化为热能，从而推动涡轮机转动。人们利用这种原理，将燃气轮机应用在航空航天、船舶运输、发电等诸多领域，为生产生活提供动力、电力以及热能。由于天然气燃烧会产生大量二氧化碳，并且天然气中的甲烷成分也是强效的温室气体，在环保政策趋严的大形势下，传统的燃气轮机制造商已经开始研制纯氢 / 掺氢燃气轮机，旨在向零排放方向发展。有关不同发电技术的二氧化碳排放强度如图 4-16 所示。

氢气化学性质极为活泼，其燃烧特性与天然气有着诸多不同。首先，氢气极易在空气中燃烧，其在空气中的燃烧浓度范围在 4%~75%。相比之下，甲烷（天然气的主要成分）的燃烧范围在 5%~15%，比氢气的燃烧范围窄得多[146]。掺氢燃烧无疑加大了燃烧控制技术的难度，并且对设备的安全性和稳定性提出了更高要求。其次，氢气的火焰速度快，在常温常压下，氢气充分燃烧的火焰速度可以达到 2m/s 以上，而甲烷仅为 0.36m/s，为氢气火焰速度的 1/6。火焰速度快意味着回火的危险性增加，导致氢气火焰向喷嘴逆行回烧至混合气管道甚至储氢装置，可能造成爆炸

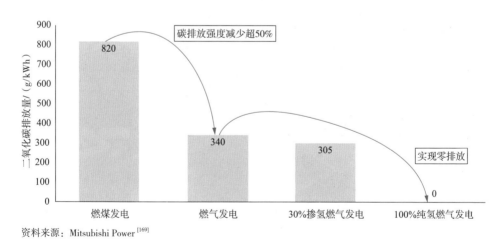

资料来源：Mitsubishi Power[169]

图 4-16　火力发电二氧化碳排放强度对比

等灾难性后果。此外，氢气的火焰温度极高，在绝热状态下可达 2100℃，显著高于甲烷火焰温度，这意味着一方面氢燃气轮机需要采用更耐高温的涡轮叶片材料，另一方面还需要控制火焰温度，避免高温下氮氧化物（属于温室气体）的产生。

为了解决氢气燃烧问题，全球主要燃气轮机生产商从掺氢燃气轮机开始研发，已经取得了明显进展。美国通用电气公司（GE）在掺氢燃气发电技术方面已积累了 20 余年的研发经验，在韩国大山石化厂部署的 6B 型燃气轮机于 1997 年就实现了 70% 掺氢燃料的实验运行。随着技术的不断成熟，GE 已决定在澳大利亚建设首个掺氢燃气发电工厂，计划 2023 年前后投入运行，最终目标是使用 100% 纯氢燃料运行。在技术上，GE 已在其 B/E 和 F 型重型燃气轮机上成功完成 100% 纯氢燃料的运行测试，计划逐步向市场推广该类产品。2018 年，日本三菱电力完成 30% 掺氢燃烧实验，并准备在日本兵库县建设高砂氢能工业园（Takasago Hydrogen Park），推动首个掺氢燃气发电项目商业化运营，逐步实现从现有 30% 掺氢向 100% 纯氢发电过渡。我国燃气轮机掺氢技术也不甘落后。2022 年，国家电投荆门绿动电厂通过改造在役的一台 54MW 燃气轮机，顺利完成了 30% 掺氢运行实验。

氢燃料燃气轮机在应用过程中还需解决自燃、火焰闪回和氮氧化物排放等问题，预计技术的成熟时间在 2035 年左右。随着清洁氢（包括绿氢、蓝氢等）成本的降低以及各国碳税、碳排放权交易价格的走高，以及电力辅助服务市场的扩大，氢燃料燃气轮机规模化应用的前景被越来越多的国家所看好（见图 4-17）。

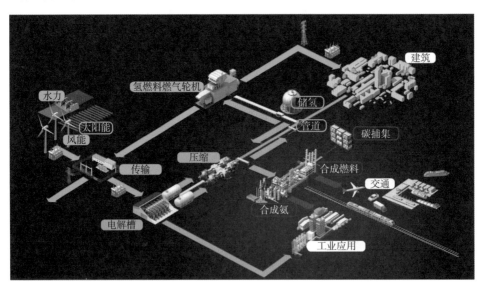

资料来源：西门子能源

图 4-17　氢燃气轮机工厂及氢能应用生态概念图

4.4.4 氢储能

当前全球的电力系统正在加速转型，可再生能源在电力系统的占比加速提升。由于可再生能源具有"靠天吃饭"的典型特征，风电、光伏等新型电源的电力输出具有较强的季节性、间歇性和波动性等特点。因此，在包含高比例可再生能源的电网系统中，电源侧发电的不确定性将明显上升。为了使电源侧的电力供应和用户侧的电力需求进行匹配，电力系统调度面临诸多挑战，而当前"源随荷动"的传统电网将难以适应"源荷互动"的新情况。为了消除风电、光伏等不稳定电源对电力系统的冲击，在源、网、荷等各环节配置储能装置十分重要。储能技术按照能量存储形式可分为机械储能、电化学储能、电磁储能、化学储能和储热等类别，我们在第3章中已经对此进行了介绍。

典型储能技术在响应速度和容量这两项核心指标上的对比如图4-18所示。可以看出，氢储能在大规模储能调峰方面具有比较明显的优势。这种优势主要体现在以下几个方面：一是电氢耦合技术日益成熟，氢和电之间通过电解槽和燃料电池技术可实现电—氢—电的相互转换，尽管整体效率尚不理想。二是氢气能量密度高，经过压缩后的氢气无论在单位质量能量密度还是单位体积能量密度均高于锂离子电池。三是能量衰减速率低，氢气在存储期间耗散速率比电池储能的电能衰减速率低，可以满足长时储能的要求。在可再生能源装机比重加速上升的趋势下，氢储能不仅可在短期内为电网安全稳定运行提供调频调峰能力，还可以实现长时、跨区域的能量调配，大幅度提升可再生能源电力的使用效率，从而减少"弃风""弃光"

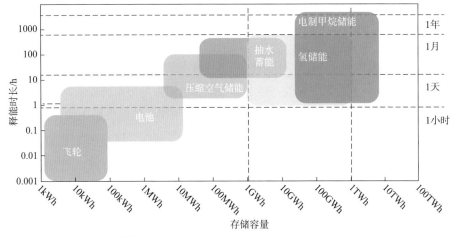

资料来源：Moore（2016）[170]

图4-18　不同储能技术对比

现象的发生，为可再生能源大规模深度开发提供保障。

4.4.5 电力多元转化技术（Power-to-X）

电力多元转化技术（Power-to-X）是一组集可再生能源发电、电供热、电解水制氢及化学品生产为一体的技术体系，其核心在于将可再生能源电力向化学物质转化，实现电能—热能—燃料等异质能源的互联互通（见图 4-19）。电转氢技术是 Power-to-X 的中枢，它将可再生电力以电化学途径转化成为氢，实现了电能向物质燃料 / 原料的转变。

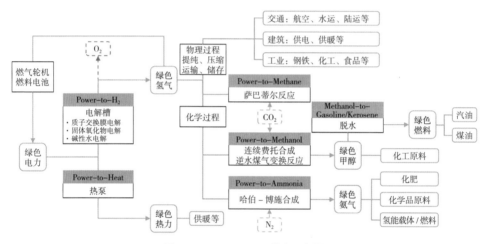

图 4-19 Power-to-X 技术示意图

● 电转氢（Power-to-H$_2$）

电转氢是 Power-to-X 技术体系的枢纽，是实现电能向物质燃料 / 原料转化的关键步骤。氢在 Power-to-X 的体系中主要发挥三大作用：一是作为能量存储介质，发挥长时间、大容量的储能功能，配合燃料电池为电力系统提供调峰资源以及辅助服务。二是实现可再生能源的非电利用，使可再生能源突破电力基础设施限制，通过转化为氢燃料，直接应用于交通、建筑和工业等领域。三是作为绿色化工原料，替代煤制氢和天然气重整制氢等传统工艺，一方面在合成氨、制甲醇、炼油等传统用氢领域替代灰氢；另一方面与 CCUS、DAC 等负碳技术结合，通过逆水煤气变换反应、萨巴蒂尔反应、连续费托合成等化工技术，生产液态轻烃、甲醇、甲烷甚至高附加值碳基材料等，实现 CO$_2$ 的资源化利用。电转氢的核心技术是电解水制氢，总反应化学式如下所示：

$$H_2O(l) \rightarrow H_2(g) + \frac{1}{2}O_2(g)$$

目前，主要的电解水制氢技术包括碱性水电解、质子交换膜电解、固体氧化物电解三种方式，具体技术内容将在第 5 章介绍。

● 电转甲烷（Power-to-Methane）

自 1902 年法国人保罗·萨巴蒂尔（Paul Sabatier）发明 H_2 与 CO_2 甲烷化反应后，经过一百年的发展，该项技术已经有较大的进步和突破，并应用在航天、煤化工等领域。化学反应式如下所示：

$$CO_2(g) + 4H_2(g) \rightarrow CH_4(g) + 2H_2O(g)$$

在 Power-to-X 技术体系下，电转气技术最大的特点是利用绿电、绿氢将 CO_2 转为 CH_4，实现与传统天然气产业的无缝衔接，无须大规模基础设施建设或改造。尽管此项技术已较为成熟，但尚未形成产业规模，主要的掣肘因素在于绿氢高昂的生产成本。从全球已投产的项目看，目前规模最大的是奥迪公司在德国韦尔特（Werlte）开发的 E-Gas 项目。该项目以北海海上风电为电力来源，依靠 3 台总计 6 MW 的碱性电解槽生产绿氢，再与工业捕集的 CO_2 发生甲烷化反应，并通过天然气管道实现外输，甲烷产能为 1000t/a，资源化利用 CO_2 达 2800t/a。

● 电转甲醇（Power-to-Methanol）

甲醇是用途最广的基础石油化工原料之一，不仅可以直接用作燃料或者制汽油，同时也可以制取甲醛、醋酸、甲基丙烯酸甲酯等高附加值的化学品。目前，甲醇的生产原料以天然气和煤炭为主，通过制取合成气（主要成分是 CO 和 H_2）进行甲醇生产，是一种成熟、高度集成且经济高效的工艺，但面临着高碳排放的问题。

为解决碳排放问题，诺贝尔化学奖得主乔治·奥拉（George Olah）在 2006 年出版的《跨越油气时代：甲醇经济》一书就提出了 CO_2 加氢制取可再生低碳甲醇的设想[133]。该技术的主要原理是以 CO_2 为碳源，通过催化加氢生产甲醇，并利用现有基础设施进行储存、分配和利用。CO_2 加氢制甲醇化学反应式如下所示：

$$CO_2(g) + 3H_2(g) \rightarrow CH_3OH(g) + H_2O(g)$$

同电转甲烷一样，电转甲醇也同样需要可再生电力和绿氢作为能量和原料来源。在世界范围内，此种生产方式仅在冰岛实现了商业化运营。冰岛国际碳循环公司（Carbon Recycling International，CRI）于 2012 年建成首期项目，绿色甲醇产能达到 1300t/a，2014 年扩展至 4000t/a。CRI 公司利用当地丰富的地热资源发电，通过电解水制氢生产绿氢，并将工业废气中捕集的 CO_2 转化成甲醇液体燃料。相比而言，其他国家电转甲醇项目大多处在技术验证或中试阶段。韩国科学技术研究院纳米技术研究中心在 2002 年就已开发出 CO_2 加氢制甲醇的中型试验装置，利用过渡金属催化剂在加温加压条件下实现了 100kg/d 的产能，但因技术、成本等因素未能进一步发展。2009 年，日本三井化学株式会社斥资 1600 万美元建成了全球首套 100t/a CO_2 制甲醇中试装置，曾尝试进行商业化推广，但未能取得突破。2020 年，我国企业首次实现了绿色甲醇的关键技术突破，海洋石油富岛公司与中国科学院上海高等研究院等单位合作建成全球首套 5000t/a CO_2 制甲醇工业试验装置，为工业化放大和后期商业化运营提供了技术支撑。整体上看，电转甲醇在全球范围仍处于发展初期，其商业化应用还有赖于可再生能源发电、电转氢及 CO_2 捕集成本的进一步降低。

● 电转氨（Power-to-Ammonia）

传统合成氨工艺采用哈伯－博施法，其中氢气的生产来源为化石燃料，导致大量 CO_2 排放，其排放量约占全球 CO_2 排放总量的 1.5%。利用电解水获取氢气，并从空气中分离氮气，通过现有的哈伯－博施方法合成绿氨在技术上是可行的（见图 4-20）。关于合成氨的反应式如下所示：

$$N_2(g) + 3H_2(g) \rightarrow 2NH_3(g)$$

电转氨概念的提出，不仅推动了合成氨工艺的绿色低碳转型，也为氨燃料和氨储能的规模化、低碳化发展提供了可能，使氨既可作为尿素等传统化工品的生产原料，也可以直接作为零碳燃料用于交通运输，还能成为可再生能源的储能载体。

通过电转氨生产的绿氨在低碳、储能、技术成熟度等方面具有显著优势。首先是零碳，氨不含碳，将其作为能源载体（燃料），不需要上下游的碳捕集即可实现零碳排。其次，氨能量密度高，液氨的质量能量密度虽然低于液氢，但体积能量密度比液氢高 50%，适合规模化储存和运输，相应成本也更低，因此绿氨具有相对较高的实用性和经济性。最后，合成氨工业已十分成熟，相关储存和运输的基础设施已经存在，使得绿氨容易向工业和交通部门推广。不过，氨也有一定的缺点，比如易挥发、具有腐蚀性和毒性、燃烧产物含有氮氧化物等环境污染物等。

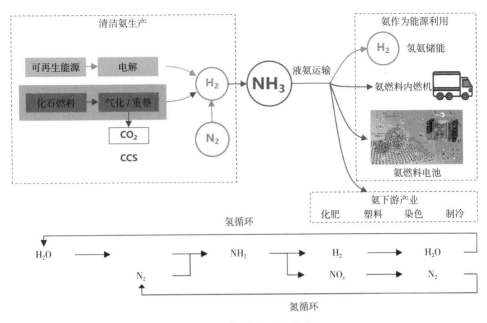

图 4-20　工业化氢氨产业示意图

实现工业化生产绿氨的首要目标是大幅提高电解水制氢能力。目前，传统合成氨厂的产能在 500~1500t/d，最大的工厂可达到 3500t/d 以上。若假设容量系数为 50%，实现 200t/d 的绿氨生产则需要 150~200MW 的可再生能源电力及电解能力。其次，是需要解决由可再生能源发电的不稳定所导致的氢气供应波动。绿氨的生产需要稳定的氢气原料供应，波动性工况会导致生产设备中的催化剂寿命变短，从而降低生产效率。目前可采用的解决方案是使用大型储氢装置来避免波动，以提供稳定的原料输入。

● 电转热（Power-to-Heat）

电转热指的是实现电能与热能之间的转化，一方面用于建筑供暖或者工业生产；另一方面用于电力存储，减少电能弃置的同时提高电源灵活性和电网的调节能力。如今，电转热技术已成为各国节能减排的重要手段，广泛应用在集中式和分布式供热场景（见图 4-21）。

国家电网公司已在部分区域开展新能源消纳和电采暖相结合的电转热试点示范工程。国家电投在山西省忻州市繁峙县布局了 200MW 风电清洁能源供暖项目，配套建设 $40 \times 10^4 m^2$ 电采暖供热站。该项目于 2020 年 12 月实现全容量并网发电，主要利用电网低谷时段电量蓄热，并向繁峙县大营镇区域建筑物供热，覆盖周边

集中式供热系统

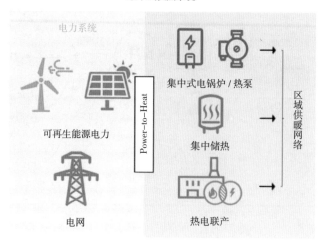

分散式供热系统

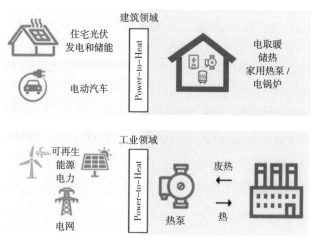

图 4-21　集中式和分散式电转热系统示意图

1000 余户家庭。

2021 年 1 月，国家能源局《关于因地制宜做好可再生能源供暖工作的通知》明确提出继续推进太阳能、风电取暖，构建政府、电网企业、发电企业、用户侧共同参与的风电供暖协作机制，通过热力站点蓄热锅炉与风电场联合调度运行实现风电清洁供暖，提高风电供暖项目整体运营效率和经济性。从未来发展趋势上看，发展电转热已成为构建以新能源为主体的新型电力系统必不可少的一项重要任务。

● Power-to-X 技术成熟度及经济性

有关 Power-to-X 技术的部分化学反应机理和对应的技术成熟度（Technology Readiness Levels，TRL）总结于表 4-4。总体上看，绿氨技术最为成熟，其制约因素在于绿氢的生产成本和供应稳定性。CO_2 加氢制甲烷的技术已在航天领域得到应用，技术已较为成熟，而其他化合物如甲醇、液态轻烃、碳纳米材料等大多还处于技术研发和示范阶段，离规模化商业推广还有较长距离。

表 4-4　电力多元转换技术（Power-to-X）原理及成熟度

产品	反应机理	技术成熟度（TRL）
氢气	水电解反应：$2H_2O \rightarrow 2H_2 + O_2$	8~9
氨气	合成氨反应：$N_2 + 3H_2 \rightarrow 2NH_3$	9
甲烷	萨巴蒂尔反应：$CO_2 + 4H_2 \rightarrow CH_4 + 2H_2O$	8~9
液态轻烃	逆水煤气反应和连续费托合成： $CO_2 + H_2 \rightarrow CO + H_2O$ $nCO + (2n+1)H_2 \rightarrow C_nH_{2n+2} + nH_2O$	5~9
甲醇	$CO_2 + 3H_2 \rightarrow CH_3OH + H_2O$	4~6
碳纳米材料	萨巴蒂尔反应：$CO_2 + 4H_2 \rightarrow CH_4 + 2H_2O$ 甲烷催化裂解：$CH_4 \rightarrow C + 2H_2$	3~5

资料来源：Hermesmann（2021）[171]

注：技术的 TRL 从 1~9 进行分类，其中 1~3 表示研究阶段，4~5 表示设计开发阶段，6 表示技术示范阶段，7~9 表示项目示范阶段至技术全面部署阶段。

Power-to-X 产业在当前面临的最大挑战在于高昂的成本。图 4-22 对比了 2020 年传统化工产品与绿色化工产品的平均价格，可以看出，绿色化工产品在成本上尚不具备市场竞争条件，而社会或者企业进行深度脱碳的代价也是相对高昂的。尽管如此，Power-to-X 产业依然拥有巨大的市场潜力，这主要源于可再生能源发电和电解水制氢设备的成本存在较大的降幅空间。此外，各国碳排放监管力度的强化也将大幅增加传统化石能源使用的成本。以上因素将推动缩小绿色化工产品与传统化工产品的价差，为 Power-to-X 技术的规模化推广提供经济和政策层面的支撑。

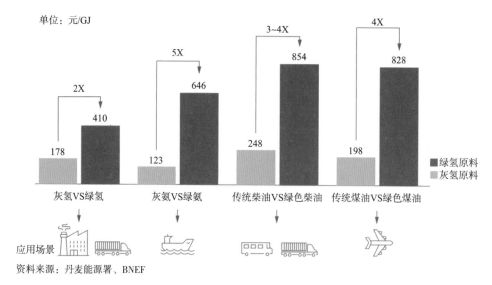

单位：元/GJ

2X

178 410

灰氢VS绿氢

5X

123 646

灰氨VS绿氨

3~4X

248 854

传统柴油VS绿色柴油

4X

198 828

传统煤油VS绿色煤油

绿氢原料
灰氢原料

应用场景

资料来源：丹麦能源署、BNEF

图 4-22　2020 年传统化工产品与绿色化工产品价格差距

碳中和与氢能社会

第五章

氢能的生产与供应

上一章介绍了氢的发现、技术进展以及应用场景，并从碳中和的角度分析了氢能在深度脱碳方面的重要角色。可以看出，绿色清洁是氢能再次兴起的关键原因，也是其区别于化石能源最鲜明的特点。在能源技术加速演进的趋势下，氢能的应用场景将不断拓宽，各行各业对清洁氢能的需求也因此而增长。随着氢能热潮的来临，氢能的生产和供应就显得十分重要，这将是本章将要重点介绍的内容。

5.1　氢的生产

氢单质化学性质活泼，不易聚集成藏，但天然氢也并非不存在。目前全球已有多地发现了天然氢的踪迹，比如非洲马里 Bourabougou 地区就存在多个可用于开采的天然氢气藏。然而，天然氢气藏勘探开发难度大、经济性不足且储量稀少，若要满足当前的用氢需求，还得依靠其他能源的转化，这其中既包括煤炭、天然气等化石能源，也包括可再生能源和生物质能。除了来源广泛以外，氢的生产方式也十分多元。图 5-1 展示了氢的主要生产方式。首先，热化学方法是当前使用得最广泛的

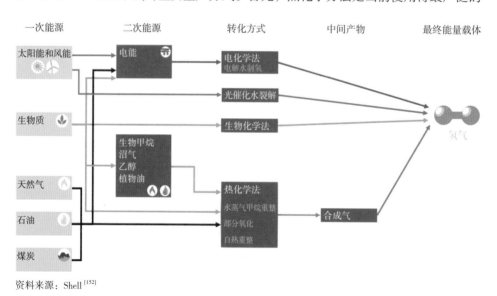

资料来源：Shell [152]

图 5-1　一次能源制氢方式

生产技术，比如煤气化制氢、水蒸气甲烷重整、部分氧化和自热重整等。电化学方法主要指的是电解水制氢技术，即在外部电源驱动下，电解槽里发生电化学反应将水分解为氢气和氧气的过程。生物化学法指的是利用微藻的光合作用、厌氧菌的发酵等生物代谢过程来制取氢气的途径。除了利用一次能源制氢之外，氯碱、炼焦、轻烃利用等领域在生产过程中也会副产大量氢气（简称工业副产氢）。从全球范围看，主流制氢技术以热化学反应为主，少部分由工业副产氢供应，而电解水制氢比重较低，生物化学法制氢和光催化水裂解技术还处于研发阶段。

在碳排放监管日益严苛的趋势下，传统化石能源制氢和工业副产氢等主流制氢工艺面临的环保压力也与日俱增，制氢产业正面临成本控制和碳减排之间的矛盾。从表5-1可以看出，煤气化制氢的成本最低，但碳排放强度大；天然气制氢在成本和碳排放强度方面相对比较平衡。工业副产氢的生产成本主要来自氢气提纯设备和辅助设施的建设和运行，成本与天然气相当；由于氢属于副产物，关于它的排放强度目前并没有统一的核算标准，一种方法是将整个工艺的碳排放量按照所有产物的热值进行分配，此方法统计出的制氢碳排放强度要显著低于天然气制氢。相比于以上方法，电解水制氢技术因电力来源不同，相应的制氢成本和碳排放强度存在明显差异。利用商业电进行电解水制氢的成本最高，每生产1kg氢气需要近50元，是煤气化制氢成本的5倍以上。此外，该方式因使用电网电力所造成的间接碳排放也是惊人的，其碳排放强度（取决于当地电网的碳排放因子❶）甚至高于煤气化制氢技术。若在用电低谷期进行电解水制氢，虽然制氢成本能够下降一半，但依旧导致较高强度的间接碳排放。相比之下，利用可再生能源进行电解水制氢的优势比较明显，既不产生二氧化碳排放，又存在较大的降本空间（可再生能源发电、电解槽设备等费用均有下降空间），其经济性在未来有望达到化石能源制氢和工业副产氢的水平，而若进一步考虑碳排放的成本，可再生能源制氢路线的综合优势将进一步凸显。在碳中和背景下，大力发展可再生能源制氢，增加绿氢的供应，并逐步实现对传统灰氢的替代，已成为氢能行业发展的必然趋势，因此，电解水制氢技术的发展至关重要。

接下来，我们将依次介绍化石能源及化工原料制氢、工业副产氢、电解水制氢以及其他制氢技术，并分析对比不同制氢技术的经济性情况和发展趋势。

---

❶ 碳排放因子又称碳排放系数，用于衡量用户购入电力所造成的二氧化碳排放。根据IPCC和国家标准，碳排放因子依据电网所在区域电力系统中所有发电厂的总净发电量、燃料类型及燃料总消耗量进行加权平均计算得出，单位为 $kgCO_2/kWh$。

表 5-1 我国不同制氢方式成本对比

制氢方式		原料价格	制氢成本 / (元/kg)	制氢碳排放强度 / ($kgCO_2/kgH_2$)
化石能源制氢	煤气化制氢	200~1000 元/t	6.7~12.1	>20
	天然气制氢	1.0~2.2 元/Nm^3	7.5~17.5	9.3~12.6
工业副产氢		—	10~20	—
电解水制氢	商业用电	0.3~0.8 元/kWh	23~48	30~45[①]
	可再生能源	0.2 元/kWh	~20	0

资料来源：中国氢能联盟 [172,173] 及市场调研
① 根据电网碳排放因子计算。

5.1.1 化石能源及化工原料制氢

利用化石能源或者化工原料制氢是当前最主要的氢气生产方式，全球约八成的氢气来源于该技术 [174]，主要包括天然气制氢、煤气化制氢以及甲醇、氨等化工原料制氢技术 [152]。

1. 天然气制氢

天然气制氢是指以天然气为原料，采用热化学方法生产氢气的技术，包含水蒸气甲烷重整（Steam Methane Reforming，SMR）、部分氧化（Partial Oxidation，POX）、自热重整（Autothermal Reforming，ATR）以及甲烷催化裂解（Catalytic Decomposition of Methane，CDM）等（图 5-2）。

● 水蒸气甲烷重整

水蒸气甲烷重整制氢技术以水蒸气为氧化剂，在高温（700~900℃）、高压（1.5~3MPa）及催化剂（一般为镍基金属）的环境下，将天然气转化为氢气和一氧化碳。在转化反应开始之前，原料需要先进行预处理，主要是脱硫工序，以免影响催化剂的催化效率。重整环节的主要的反应机理如以下所示：

重整反应：

$$CH_4(g)+H_2O(g) \rightarrow CO(g)+3H_2(g)$$

$$CH_4(g)+2H_2O(g) \rightarrow CO_2(g)+4H_2(g)$$

水煤气变换反应：

$$CO(g)+H_2O(g) \rightarrow CO_2(g)+H_2(g)$$

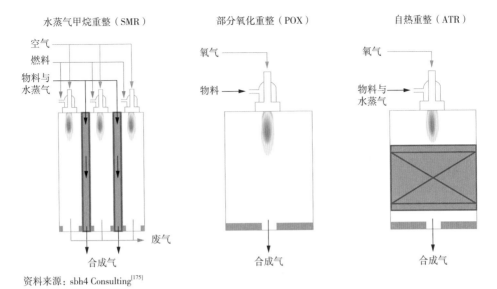

资料来源: sbh4 Consulting[175]

图 5-2　重整制氢技术

重整反应是一个吸热的过程，反应的进行需要持续供热，主要的产物以氢气和一氧化碳为主，混合气中还含有少量二氧化碳、水蒸气以及残余碳氢化合物。随后，一氧化碳气体将与水蒸气进行水煤气变换反应，进一步生产氢气，残余的一氧化碳和二氧化碳等气体杂质将通过化学和物理方式进行处理，以提升氢气纯度。

　　● 部分氧化

　　部分氧化技术以氧气作为氧化剂，最大的特点之一是不需要催化剂即可将天然气分解为一氧化碳和氢气，但对于温度和压强的要求比水蒸气甲烷重整技术更高，温度一般在 1250~1400℃，压强在 4~8MPa，反应机理如下所示：

$$2CH_4(g)+O_2(g) \rightarrow 2CO(g)+4H_2(g)$$

该反应是一个放热过程，一旦反应温度达到最低要求时，部分氧化反应即可自发进行。通常，通过此方法产生的合成气中的氢气含量较低，体积浓度在 60% 左右[175]。合成气随后还将进行水煤气变换反应等一系列提纯工序，以提高氢气产品纯度。部分氧化方法的另一个特点是对生产原料的要求较低，可将重质碳氢化合物（如重油、煤炭）作为原料进行氢气生产，适合小规模、低成本、生产纯度要求较低的氢气产品。

　　● 自热重整

　　自热重整技术兼具以上两种制氢技术的特点，氧化剂既包含氧气也包含水蒸气，最大的特点在于能够将部分氧化反应中放出的热量重新利用，为水蒸气甲烷重整反应进行供热，实现两种反应之间的热量平衡，不再需要依靠额外的装置为反应供热。该项技术依靠镍、铂等贵金属作为催化剂，产生的合成气中，氢气浓度一般在 65% 左右，同样需要进行后续的氢气提纯处理[175]，反应机理如下所示：

$$CH_4(g)+H_2O(g) \rightarrow CO(g)+3H_2(g)$$

$$2CH_4(g)+O_2(g) \rightarrow 2CO(g)+4H_2(g)$$

● 甲烷催化裂解

相比于重整反应，甲烷热解制氢技术最大的优势在于不会直接产生二氧化碳。该方法可以采用太阳能或者电加热炉作为热源，当甲烷气体通入反应器后，在高温和催化剂的作用下，将直接裂解为固态碳和氢气，不会产生二氧化碳气体。其中，在不同的催化剂和温度环境下，固态碳可以是石墨，也可以成为碳纳米管等高附加值产物[176]。此种方式也被称为"蓝绿氢 (Turquoise H$_2$)"，反应机理如下所示：

$$CH_4(g) \rightarrow C(s)+2H_2(g)$$

2. 煤气化制氢

煤气化制氢技术指的是以煤为原料的氢气生产技术，主要采用煤气化工艺，可分为干法和湿法两种方式。下面以湿法为例，介绍煤气化制氢的流程（见图 5-3）。煤炭作为碳源首先经过碾磨，并与水混合后形成水煤浆，随后送至煤气化炉生成一氧化碳和氢气的合成气。合成气经过除尘、除汞、脱硫等一系列净化过程后，进入气体分离装置，将氢气与一氧化碳进行分离。对于专门的制氢装置而言，一氧化碳还将通过水煤气变换反应，以进一步提升氢气的产量。煤气化过程主要包含以下反应：

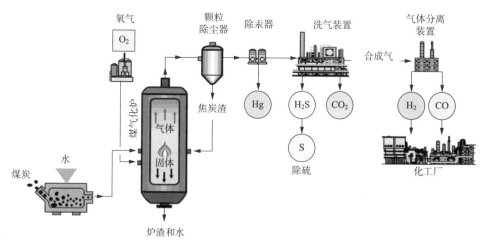

资料来源：University of Kentucky[177]

图 5-3 煤气化制氢流程示意图

碳中和与氢能社会

煤气化反应：

$$C(s)+H_2O(g) \rightarrow CO(g)+H_2(g)$$

$$C(s)+2H_2O(g) \rightarrow CO_2(g) + 2H_2(g)$$

$$C(s)+O_2(g) \rightarrow CO_2(g)$$

$$C(s)+1/2O_2(g) \rightarrow CO(g)$$

$$C(s)+CO_2(g) \rightarrow 2CO(g)$$

$$CO(g)+H_2O(g) \rightarrow CO_2(g)+H_2(g)$$

3. 化工产品制氢

所谓化工产品制氢就是利用氨、甲醇等化工产品在高温和催化剂的作用下分解为氢气的技术。氨制氢技术是将氨分解为氢气和氮气的工艺，该反应一般要达到650℃以上才能发生（如采用镍基催化剂）[178]，而一些含钌新型催化剂可以将氨分解的温度降至325~525℃[179]。尽管有学术研究声称已研制出新型催化剂，可将氨的分解温度降至100℃左右，但由于成本因素限制，此类方法离大规模工业化应用还存在较大距离。

甲醇制氢包括甲醇重整、甲醇部分氧化、甲醇裂解等方式，与天然气制氢工艺的机理十分相近，其中甲醇重整制氢技术较为成熟，应用得最为广泛。由于氨和甲醇属于化工产品，需要通过消耗化石能源来获取，二氧化碳排放强度高，相对于化石能源制氢并不具备经济性和碳排放强度方面的优势。然而，甲醇和氨易于存储和运输，适合在偏远地区进行小规模氢气生产，为不间断电源或备用电源的燃料电池供应氢气。

5.1.2 工业副产氢

工业副产氢的来源主要包括氯碱化工、炼焦工艺、轻烃利用（丙烷脱氢、乙烷裂解）等行业[159]。由于副产氢气的成分复杂，通常需要加装氢气提纯装置进行回收处理，其中氢气提纯方法包括膜分离、低温分离、变压吸附（Pressure Swing Absorption，PSA）、金属氢化物法、催化脱氧法、分子筛等。在实际生产中，这些提纯技术通常根据副产氢中的杂质含量、组分以及产品纯度要求进行组合使用。我国作为化工大国，工业副产氢的潜在产能十分可观，根据《中国氢能产业发展报告2020》的统计，我国工业副产氢的供应潜力可达每年4.5Mt[159]，约为我国现有氢气产量的13.6%。

1. 氯碱化工

氯碱化工的主要产品是氢氧化钠（烧碱），一般通过隔膜电解装置对饱和氯化钠溶液进行电解而获取，具体的反应过程如图 5-4 所示。氯化钠溶液进入电解槽后，在通电状况下，阳极发生氧化反应产生氯气，阴极发生还原反应产生氢气，水从阴极侧进入形成氢氧化钠溶液。

阳极反应：

$$2Cl^- \rightarrow Cl_2(g)+2e^-$$

阴极反应：

$$2H_2O(l)+2e^- \rightarrow H_2(g)+2OH^-$$

总反应：

$$2Cl^-+2H_2O(l) \rightarrow 2OH^-+H_2(g)+Cl_2(g)$$

相比于其他副产氢工艺，氯碱化工的隔膜电解装置生产出的氢气纯度高，可以达到 99.99% 及以上。由于氯碱化工企业的产能比较分散，单套装置的氢气产量不高，因此绝大多数的副产氢被当作废气进行燃烧处置或直接排空，导致全国每年约有超过 300kt 的氯碱工业副产氢未能得到有效利用[159]。

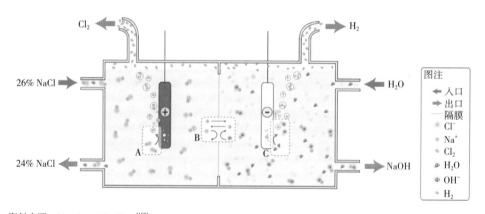

资料来源：Chemistry LibreTexts[180]

图 5-4　传统隔膜电解法制烧碱

2. 炼焦工业

炼焦工业中的主要产品为焦炭，通常作为燃料和还原剂在炼钢领域广泛应用。焦炭的生产过程一般包含洗煤、配煤、炼焦和产品处理等工序。在炼焦环节，将煤炭装入炼焦炉的碳化室，在隔绝空气的情况下进行高温干馏使大部分转化为焦炭。煤焦化的过程还将产生焦炉煤气，其中包含氢气、甲烷、一氧化碳、二氧化碳等气体，有

55%~60%为氢气。约一半的焦炉煤气会作为燃料为炼焦炉供热，少部分用于合成氨和甲醇生产，而超过三分之一的焦炉煤气会作为废气进行燃烧处置或无害化处理后排空。根据我国炼焦工业的产能测算，理论上全年炼焦工业副产氢的产量约在2.7Mt[181]。

3. 轻烃利用

乙烷和丙烷通过在高温裂解炉中发生脱氢反应可以生产乙烯和丙烯，并同时产生氢气、甲烷等副产物。由于脱氢反应是大分子化合物裂解成为小分子的吸热过程，需要外部提供热源并保持环境温度在500~1100℃，其反应温度取决于催化剂的使用[181]。从裂解炉产生的混合气体将通过变压吸附技术进行选择性回收。

● 丙烷脱氢制丙烯

丙烷脱氢制丙烯装置对于丙烷原料的纯度要求很高，一般采用湿性油田伴生气中高纯度低硫丙烷作为原料。由于我国的丙烷一般为炼油副产品，杂质含量高、纯度较低，难以满足脱氢装置的要求，因此通常需要进口中东地区高纯度液化丙烷进行脱氢生产。丙烷脱氢后的粗氢纯度可达99.8%，经过变压吸附提纯后可达99.999%，能够满足一般燃料电池的使用要求。我国丙烷脱氢制丙烯项目规模庞大，截至2021年底共投产19个项目，合计丙烯产能已突破10Mt/a，相应副产氢产能潜力接近500kt/a[159]。

丙烷脱氢制丙烯反应：

$$C_3H_8(g) \rightarrow C_3H_6(g)+H_2(g)$$

● 乙烷裂解制乙烯

乙烷裂解制乙烯装置具有乙烯收率高、流程短、成本低、能耗低、污染小等特点。由于我国乙烷长期面临产能不足的问题，加上乙烷裂解制乙烯具有较高的技术门槛，导致我国乙烷裂解制乙烯项目数量比较少。相比于丙烷脱氢技术，乙烷裂解制乙烯技术的粗氢纯度相对较低，一般在95%左右，但经过变压吸附提纯后可达到燃料电池的使用标准[159]。截至2021年底，我国共有6套乙烷裂解制乙烯（含混合烷烃裂解）装置，乙烯产能达到4.9Mt/a，相应副产氢产能潜力约为350kt/a。

乙烷裂解制乙烯反应：

$$C_2H_6(g) \rightarrow C_2H_4(g)+H_2(g)$$

5.1.3 电解水制氢

电解水制氢技术从发明至今已有200多年的历史。当电解槽通入直流电时，水分子在电极上将发生电化学反应，分解成氢气和氧气，这种方式生产出的气体纯度较高，可直接用于燃料电池。根据电解质的不同，主要有碱性电解（Alkaline Electrolysis Cell，ALKEC）、质子交换膜电解（Proton Exchange Membrane Electrolysis Cell，PEMEC）及固体氧化物电解（Solid Oxide Electrolysis Cell，SOEC）三种电解水制氢技术（见图 5-5）[182]。电解水制氢的总反应式为：

$$2H_2O(l) \rightarrow 2H_2(g) + O_2(g)$$

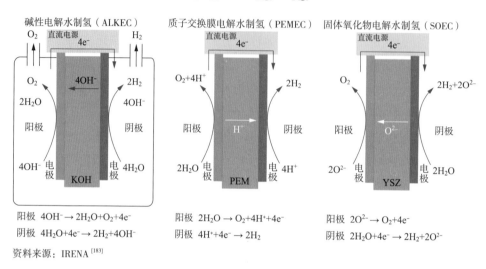

碱性电解水制氢（ALKEC）

阳极 $4OH^- \rightarrow 2H_2O + O_2 + 4e^-$
阴极 $4H_2O + 4e^- \rightarrow 2H_2 + 4OH^-$

质子交换膜电解水制氢（PEMEC）

阳极 $2H_2O \rightarrow O_2 + 4H^+ + 4e^-$
阴极 $4H^+ + 4e^- \rightarrow 2H_2$

固体氧化物电解水制氢（SOEC）

阳极 $2O^{2-} \rightarrow O_2 + 4e^-$
阴极 $2H_2O + 4e^- \rightarrow 2H_2 + 2O^{2-}$

资料来源：IRENA[183]

图 5-5　电解水制氢技术原理

1. 碱性电解水制氢

ALKEC 制氢技术是目前应用最为广泛、发展最为成熟的电解水制氢技术。电解槽中的电解质采用的是碱性氢氧化钾（KOH）溶液，承担着带电离子的传导功能。在通电状态下，碱性电解槽中的阴极发生还原反应，产生氢气和 OH^- 离子；OH^- 离子通过隔膜迁移至阳极产生水和氧气。电解槽的隔膜起到分离气体的作用，一般由石棉布制成，而电极主要由镍基合金组成，如 Ni–Mo 合金等。碱性电解槽的运行温度通常在 70~80℃，工作电流密度较低，一般不超过 0.4A/cm²，电解效率在 60%~75%，氢气纯度约为 99.9%，低于其他两种技术，通常需要进行脱碱雾处理。受隔膜的性能限制，碱性电解槽的运行气压一般低于 3.0MPa，后续还需进行增压以便于氢气的存储和运输。

早在 20 世纪中期，ALKEC 制氢技术就实现了工业化应用，设备的运行寿命在 60000~90000h，可稳定运行 10 年以上，而最新技术据称可将电解槽寿命提升至 30 年[183]。然而，ALKEC 制氢技术也有其缺陷。首先是运维难度大，电解槽中的碱性溶液通常会与空气中的二氧化碳发生反应，形成的碳酸盐（如 K_2CO_3）对电解质的导电性能影响较大。并且碱性液体对于设备的腐蚀程度较高，需要对电解槽及相关设备定期进行检修维护，成本高昂。其次是电流密度低、单体产能有限。在阳极和阴极分别产生的氧气和氢气容易溶解在电解液中，这要求电解槽的电流密度和压强必须保持在较低水平，以免两种气体通过隔膜混合后发生爆炸，从而限制了碱性电解槽的产能提升空间。另外，碱性电解槽的启动准备时间长，负荷响应慢，需要稳定的电力供应才能保障设备稳定运行，导致 ALKEC 制氢技术难以与波动性较强的可再生能源进行有效耦合。

2. 质子交换膜电解水制氢

PEMEC 制氢设备主要由质子交换膜、阴阳极催化层、气体扩散层、阴阳极端板等构成。其中扩散层、催化层与质子交换膜组成的膜电极是整个水电解槽物质传输以及电化学反应的主场所，直接影响电解槽的整体性能和寿命。与 ALKEC 制氢技术不同，在 PEMEC 制氢的过程中，水分子在阳极发生氧化反应，产生质子（H^+）、电子和氧气，H^+ 通过质子交换膜迁移至阴极发生还原反应，生成氢气。质子交换膜作为 PEMEC 制氢设备的核心部件，具有传导质子（H^+）、阻隔氢气和氧气以及支撑催化剂的作用。膜材料按照含氟量可分为全氟磺酸膜、部分氟化聚合物膜、新型非氟聚合物膜和复合膜等。目前，全氟磺酸膜（PFSA）的应用最为广泛，这主要源于其优良的化学稳定性、热稳定性和机械强度，一张 0.2mm 厚度的膜可以承受 7MPa 的工作气压[183]。由于质子交换膜极佳的材料性能，PEMEC 制氢技术的工作电流密度可以达到 $2A/cm^2$，比碱性电解水制氢高出一个数量级，设备的制氢效率最高可达90%，氢气的纯度也可达到 99.99% 以上。此外 PEMEC 制氢技术的动态响应速度更快，能适应可再生能源发电的波动性特点，被认为是极具发展前景的制氢技术。

尽管如此，PEMEC 制氢也并非没有缺点，目前最主要的劣势是制造成本高昂，这成为限制其商业化、规模化应用的主要因素。首先是质子交换膜的成本高昂，并且产能有限，全球超过 90% 的制膜原材料来源于美国杜邦、德国巴斯夫和日本旭化成等公司。我国东岳氢能和江苏科润等企业虽已具备质子交换膜的生产能力，但是核心原材料全氟磺酸树脂基本全部依赖进口。此外，阴极和阳极上用于析氢、析氧反应的催化剂绝大多数采用铱和铂等贵金属，进一步抬高了 PEMEC 制氢设备的制造成本。另外还有阳极扩散层采用的钛纤维毡价格也十分昂贵，甚至高于铂金属催化剂的价格。除了制造成本居高不下之外，PEMEC 制氢的另外一个短板是对水中的杂质极为敏感，铁、铜、铬、钠等金属元素均能对设备的性能产生显著影响，因此必须在对水进行较为严格的纯化处理后才能进行氢气生产。

3. 固体氧化物电解水制氢

SOEC 制氢技术属于新型电解水制氢技术，利用氧化钇稳定氧化锆陶瓷（YSZ）作为电解质，将电解槽的阴极与阳极隔开。水分子在阴极上发生还原反应产生氢气和 O^{2-}；O^{2-} 在外部电势梯度的作用下通过固体氧化物电解质迁移至阳极发生氧化反应，失去电子生成氧气。SOEC 电解槽的阴极和阳极一般分别采用镍 / 氧化锆多孔金属陶瓷和钙钛矿氧化物材料制成，不包含贵金属元素，因此成本相对低廉[182]。

与其他两种电解水制氢技术相比，SOEC 电解制氢的主要优势在于电解效率高，能够达到 85% 以上。此外，SOEC 设备在技术上可以实现电解水制氢和燃料电池两种模式之间的切换[183]。然而，该技术的缺点也十分明显，比如启动时间长，一般需要 1h 以上的预热过程。设备运行温度也明显高于其他技术，通常在 650℃ 以上，对设备所处环境的防火要求更高，一般仅适合在大规模固定式的场景中应用。另外，SOEC 电解槽的运行寿命较短，电极长时间暴露在高温环境下，易导致催化反应的稳定性下降，加速制氢效率的衰减。总体上看，该技术还处于技术验证和示范项目建设阶段。

4. 电解水制氢技术对比

三种电解槽的性能对比如表 5-2 所示。ALKEC 制氢技术已经比较成熟，正在步入规模化发展阶段。此外，ALKEC 制氢设备已完全实现国产化，单位成本在 2000 元 /kW 左右，MW 级的商业制氢项目已比较普遍，100MW 级的制氢项目也已进入规划建设阶段。PEMEC 制氢技术受质子交换膜材料和贵金属等因素限制，设备比较昂贵，一般在 5000~10000 元 /kW 不等。相比于 ALKEC 电解槽，PEMEC 单槽制氢规模还比较小，一般在 MW 级规模，国外的商业化进展速度比较快，如欧盟 H2Future 氢能旗舰项目——林茨 6MW 电解制氢示范工程已于 2020 年底投入试运营，其他更大规模的项目处于规划和建设阶段。我国在 PEMEC 制氢技术方面正在加速追赶，大连化学物理研究所自主研发的 MW 级 PEMEC 制氢系统已于 2022 年交付国网安徽省电力公司投运，中国石化石油化工科学院合作开发的 MW 级 PEMEC 制氢系统于 2022 年 12 月在燕山石化投产。SOEC 制氢技术尚处于技术研发和小规模商业示范阶段，国外一些公司已具备批量生产商业化设备的能力，如丹麦托普索公司（Topsoe）计划于 2023 年批量生产高效率 SOEC 装置，综合效率高达 90% 以上。我国在 SOEC 领域尚处于技术研发阶段，短期内还无法实现 SOEC 设备的完全国产化，相关项目的商业运营条件还不成熟。

表 5-2　碱性、质子交换膜和固体氧化物电解槽性能对比

电解池类型	碱性电解槽	质子交换膜电解槽	固体氧化物电解槽
电解质	氢氧化钾溶液	全氟磺酸质子交换膜（如杜邦公司 Nafion 系列膜）	氧化钇稳定氧化锆陶瓷（YSZ）
工作温度 /℃	60~80	50~80	650~1000
电解效率 /%	60~75	70~90	≥ 85
气体压力 /MPa	<3.0	<20	<2.5
制氢能耗[①] /（kWh/Nm^3）	4.5~5.5	4.0~5.5	≤ 3.5
电流密度 /（A/cm^2）	0.2~0.4	0.6~2.0	0.3~2.0
电堆寿命 /h	60000~90000	20000~60000	~10000
氢气纯度 /%	~99.95	≥ 99.99	≥ 99.99
技术成熟度	商业化	国外已商业化，国内处于中试阶段	国外处于商业化初期，国内处于技术研发阶段
电解槽成本 /（元 /kW）	2000~3000（国产）	5000~10000（进口）	>10000（进口）
动态响应能力	秒级	毫秒级	秒级
冷启动时间 /min	~60	<20	~60
电源质量要求	稳定电源	稳定或波动电源	稳定电源
特点	技术成熟，成本低，易于规模化应用，但设备占地面积大，耗电量高，需要稳定电源	占地面积小，间歇性电源适应性高，与可再生能源结合度高，但设备成本较高，依赖铂系贵金属作催化剂	高温电解耗能低，不依赖贵金属催化剂；可实现双向操作，用作燃料电池。但电极材料稳定性较差，需要额外加热

资料来源：[159,183-187]
①基于高位热值计算（HHV）。

　　随着绿氢需求的增加，可再生能源制氢成为重点发展方向，这要求电解水制氢技术能够具有较强的实时响应性能，可与波动性较强的可再生能源进行高效耦合。根据表 5-2 的信息可以看出，PEMEC 无论在动态响应速度还是在冷启动时间上均明显优于 ALKEC 和 SOEC 技术，因此十分适合与可再生能源进行耦合制氢。尽管如此，PEMEC 技术的高昂成本也使得人们需要在技术先进性和经济性两方面进行

权衡，这为 ALKEC 技术升级改进提供了一定的发展空间。根据 BENF 的预测（见图 5-6），ALKEC 在未来 30 年里将始终保持对 PEMEC 的成本优势，预计在 2030 年最低降至 880 元 /kW，2050 年降至 630 元 /kW。而 PEMEC 只有在最乐观的情景❶下，在 2050 年前后才能达到 ALKEC 的水平（约 700 元 /kW）。这意味着，如果 ALKEC 能够在动态响应速度、冷启动时间、高电流密度以及加压非石棉隔膜材料方面取得突破，其相对于 PEMEC 技术的市场竞争优势将更加凸显。

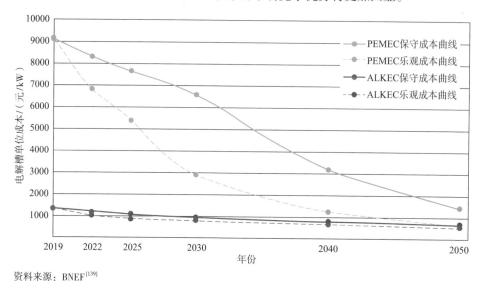

资料来源：BNEF[139]

图 5-6　PEMEC 及 ALKEC 电解槽成本预测

5.1.4　其他制氢技术

除上述几种较为成熟的制氢技术外，还有一些新兴技术正在快速发展，例如太阳能制氢技术。太阳能制氢技术被认为是最环保、最有发展潜力的新型制氢技术之一，其技术路线包括光电催化制氢和粉末光催化制氢[188]。

光电催化制氢

光电催化制氢技术是利用光电效应产生电势差，并结合电解水制氢技术生产氢气。图 5-7 展示的是西班牙天然气公司 Enagas 正在推动的光电催化制氢技术示

❶ BNEF 的预测按照保守和乐观两种情景进行预测，情景之间的区别在于电解槽的市场容量、技术学习率的差异。学习曲线展现的是产品制造成本与累计产量之间的变化关系。对于新技术而言，累计产量的变化所带来的降本速率较快，因此学习率更高，而成熟产品的技术趋于稳定，因此学习率更低，产品制造成本随产量增长的降幅更小。学习率指产品产量每增加一倍时成本下降的比例，如学习率为 20% 时，电解槽产量增加一倍，其成本会降低 20%。

意图[189]。该技术将高性能叉指式背接触（Interdigitated Back Contact，IBC）太阳电池和 ALKEC 技术整合在一起，组成光电催化单元。当太阳光照射至装置的阴极时，光子转化为电子，使得水在阴极发生还原反应生成氢气和 OH⁻ 离子；OH⁻ 离子通过隔膜迁移至阳极发生氧化反应，生成氧气和水。据称该技术的制氢效率能够达到约 20%，可以连续运行 3000h，每平方米组件的氢气产能为 100Nm³/h，氢气纯度可以达到 99.995%。

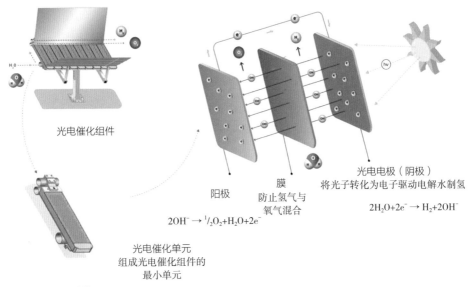

光电催化组件

光电电极（阴极）
将光子转化为电子驱动电解水制氢

$2H_2O+2e^- \rightarrow H_2+2OH^-$

阳极

膜
防止氢气与
氧气混合

$2OH^- \rightarrow {}^1/_2O_2+H_2O+2e^-$

光电催化单元
组成光电催化组件的
最小单元

资料来源：Enagas[189]

图 5-7　光电催化制氢机理

粉末光催化制氢

粉末光催化制氢的流程一般是利用光热器将水蒸发为气态，随后导入粉末光催化剂中在光照环境下发生催化反应，从而分解为氢气。2021 年 11 月，日本东京大学研究团队通过《自然》杂志刊载了粉末光催化制氢技术的最新进展，宣布成功利用掺铝钛酸锶光催化剂在表面积为 100m² 的实验设备上生产出高纯度氢气，并稳定运行数月之久。尽管当前粉末光催化制氢的整体效率仅为 1% 左右，但该技术具有布局紧凑、设备简单、成本低廉的特点，可通过研发高效率可见光响应光催化剂、改进光催化剂面板反应器设计等方式实现降本，具备大规模、低成本制氢的发展潜力[190]。

5.1.5　不同制氢技术的成本对比

从年产量来看，以天然气为原料的水蒸气甲烷重整制氢技术是目前全球最主要的制氢方式，其产能主要集中在美国和欧洲等地。该技术的制氢成本主要受天然气价格波动影响，以天然气价格 1~2.2 元 /Nm³ 计算，对应的制氢成本为 7.5~17.5 元 /kg，其中原料成本占比高达 70%~90%。我国基于"富煤"的资源禀赋，主要采用煤气化制氢技术，产量比重超过 50%。煤气化制氢具有明显的成本优势，当煤价为 200~1000 元 /t 时，对应的制氢成本为 6.7~12.1 元 /kg，单从成本上看属于当前最经济的制氢方式。但是，煤气化制氢的最大问题是碳排放强度大，每生产 1kg 氢气的二氧化碳排放量超过 20kg，位居化石能源制氢 CO_2 排放强度之首。倘若将碳排放成本（如碳排放权交易价格或碳税等费用）纳入制氢成本考虑，煤气化制氢技术的成本竞争力将被削减。工业副产氢的成本主要分为制氢和提纯两个部分，制氢综合生产成本一般在 10~20 元 /kg，碳排放强度较化石能源制氢方式更低，兼具成本和碳排放强度优势。

电解水制氢受电解槽成本和电力价格影响，目前经济性不强，利用市电电解水制氢的成本大约在 50 元 /kg，且造成的间接碳排放量大，在经济性和碳排放强度方面无法与传统化石能源制氢和工业副产氢技术相比。而若采用可再生能源制氢，在度电价格达到 0.2 元 /kWh 及以下时，制氢成本可降至 20 元 /kg，初步具备一定的市场竞争条件。随着全国碳排放权交易市场的逐步完善和可再生能源的规模化发展，可再生能源制氢的发展潜力被广泛看好，根据中国氢能联盟预测，我国电解水制氢产量比重在 2030 年或达到 20% 左右，绿氢产能达到 1Mt/a 规模以上[173]。

我们结合可再生能源平准化度电成本发展趋势和电解槽的成本预测走势（见图 5-6）对可再生能源制氢的未来成本进行了估算（见图 5-8）。在现阶段，煤气化制氢技术和天然气制氢技术在成本上占据绝对优势，电解水制氢成本整体不具备竞争力。其中，陆上可再生能源项目结合 ALKEC 技术的制氢成本在当前约为 20 元 /kg，而海上风电制氢因平台面积限制，更适合采用集成度更高的 PEMEC 技术，导致制氢成本高于其他可再生能源制氢项目。随着可再生能源发电成本持续降低和电解槽的技术进步，预计到 2030 年前后，陆上风电制氢率先抵达煤气化制氢的成本区间上缘（约 12 元 /kg）。

在可再生能源制氢技术中，光伏制氢技术虽然在发电成本上具有明显优势，但全年可利用小时数不足 2000h，导致制氢设备利用率不足，因此短期内制氢成本竞争力不如风电项目。而从长期看，光伏发电成本的下降空间依然很大，从而可以弥补设备利用率不足的劣势，促进制氢成本进一步下降。总体来看，可再生能源制氢成本竞争力将在 2030 年前后开始显现，到 2050 年前后能够实现平价供应。若在考虑碳排放成本的情况下，可再生能源制氢的成本竞争力将会提前展现，这取决于未来碳价和 CCUS 技术的成本走势。

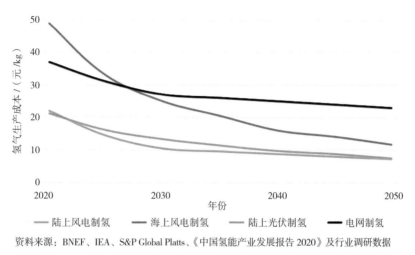

资料来源：BNEF、IEA、S&P Global Platts、《中国氢能产业发展报告 2020》及行业调研数据

图 5-8　2020—2050 年不同制氢技术的氢气生产成本对比预测

注：假设陆上风电、陆上光伏和电网制氢采用 ALKEC 技术，海上风电制氢采用 PEMEC 技术。

IRENA 根据全球自然能源资源分布情况，结合可再生能源发电及电解水制氢技术发展趋势，预测了 2050 年全球各地绿氢生产成本低于 1.5 美元 /kg（约合人民币 10 元 /kg）的理论技术可开发量（见图 5-9）。从图中可以看出，撒哈拉以南的非洲地区和中东地区得益于丰富的太阳能和风能资源将有可能成为绿氢的主要生产地。相比之下，东南亚、东北亚和欧洲等地因可再生能源储

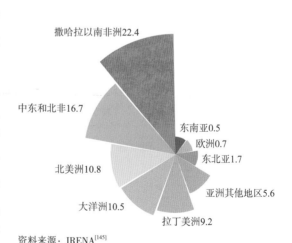

资料来源：IRENA[145]

图 5-9　2050 年绿氢生产成本低于 1.5 美元 /kg 的技术可开发量（Gt/a）的全球分布情况

量和资源禀赋不足，或面临绿氢产能有限或成本高昂的局面，因此将依靠绿氢进口以满足当地的氢能消费需求。

5.2　氢的储运

液态氢的沸点为 –252.9℃，接近绝对零度（–273.15℃），液化难度极大且过程能耗十分惊人。此外，氢气分子极小，在加压环境下容易发生逃逸，且易与空气混合发生燃烧事故。这些原因使氢气的存储和运输成为行业的难题，也阻碍了氢能在民用领域规模化应用的步伐。

5.2.1　储氢技术

氢能存储技术按照氢或氢载体的物理状态可分为气态储氢、液态储氢和固态储氢三大类。其中，高压气态储氢技术最为成熟，目前已广泛应用在工业领域，但储氢密度低（<5wt.%，即 1kg 储氢材料中所存储的氢气质量不超过 0.05kg），仅适合小规模的氢气存储。液态储氢技术又可进一步分为低温液态储氢和液态有机氢载体（Liquid Organic Hydrogen Carrier，LOHC）储氢两种。低温液态储氢技术主要应用在航天领域，由于液化和运输过程中都伴随氢的挥发损耗，能耗最大，成本高昂；LOHC 储氢技术已处于商业化初期，国际上已有示范项目投运。固态储氢尚处于技术验证阶段，在理论上具有储氢密度高、压力低、安全性好、释氢纯度高等特点，但普遍存在制造成本较高、工业放大困难等问题，不同储氢技术对比如表 5–3 所示。

表 5–3　现有储运技术对比

储氢技术	高压气氢	管道储 / 输氢	低温液氢	液态有机氢载体	固态储氢
储氢原理	物理 / 无相变	物理 / 无相变	物理 / 有相变	化学 / 有机物	化学 / 金属氢化物；物理 /MOFs
储氢压力 /MPa	20~70	1~4	0.1~0.6	常压	0.1~4
储氢温度 /℃	常温	常温	–253	常温	常温
体积储氢密度 /（kg/m³）	13.9~38.4	0.9~4.3	70.85	40~45	35~80

储氢技术	高压气氢	管道储/输氢	低温液氢	液态有机氢载体	固态储氢
质量储氢密度 / wt.%	1.5~2.5（钢瓶） 11~16（复合材料）	~2.5	~5.7	~6.0	2.0~18
储氢能耗 / （kWh/kg）	~2.0	< 1.0	~10	放热	放热
脱氢温度 /℃	—	—	—	180~350	25~350
卸氢能耗 / （kWh/kg）	<1.0	<1.0	<1.0	~10	~11

资料来源: [144,173,191–193]

1. 高压气态储氢

高压气态储氢技术难度低、投资成本低、充放氢气速度快，在常温下就可以进行储氢操作，因此是现阶段氢气的主要存储形式，技术的发展也相对比较成熟。目前，高压储氢瓶已从Ⅰ型发展到Ⅳ型，具体参数如表5-4所示。Ⅰ型瓶和Ⅱ型瓶的工作压力相对较小，技术难度低，成本低廉，主要作为固定式储氢装置在工业领域广泛应用。随着燃料电池汽车的推广，移动式高压气体储氢技术得以发展，拥有更小体积、更大容量、质量更轻的Ⅲ型和Ⅳ型瓶相继研发成功，并实现了商业化应用。这两种高压储氢瓶均使用纤维缠绕技术，而前者采用金属内胆，后者采用塑料内胆，压力技术等级均可达到70MPa。相比之下，在相同储氢容量和工作压力下，Ⅳ型瓶的重量更小，重容比更低，因此质量储氢密度更高。另外，采用Ⅳ型瓶的复合塑料内胆（一般为高密度聚乙烯材料）具有抗氢脆性能强、循环次数高、材料延伸率高、

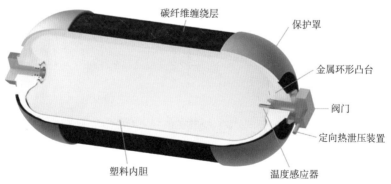

资料来源: ecs-composite

图 5-10　车用塑料内胆碳纤维全缠绕储氢瓶（Ⅳ型瓶）

抗冲击韧性和断裂韧性强等优势，是高端燃料电池汽车的首选（见图 5-10）。不过，Ⅳ型瓶的价格十分高昂，5kg 储氢容量的Ⅳ型瓶的售价一般在 3000 美元左右，高出同类Ⅲ型瓶 30%~50%。由于制造技术难度高、原材料产量少，Ⅳ型瓶的生产长期被挪威、日本和法国等国家垄断。对比来看，我国的高端车载储氢瓶技术相对落后，目前重点聚焦Ⅲ型瓶的国产化替代，主流产品的压力等级为 35MPa，多数应用在城市公交和物流车辆等空间相对宽裕的车辆上，而 70MPa 高压车载储氢瓶尚未实现大规模量产[172,194]。

除了上述技术以外，高压气态储氢技术还可以进一步应用到大规模储氢领域，主要方式是利用地下盐穴和枯竭油气藏进行储氢[193]。发达国家利用以上方式已实现了对天然气的大规模存储，比如德国已有超过 170 个地下盐穴用于存储天然气，而英国和美国也在扩大地下盐穴的储气规模。一般来讲，一个典型的地下盐穴的储气量为 $70 \times 10^4 m^3$，可承受 20MPa 的储气压力[195]，整体规模十分可观。目前，欧洲国家已经开始地下储氢示范项目建设，而我国也正在启动地下储氢的地质勘查和技术验证。

全球范围看，高压气态储氢技术在工业领域已得到了广泛应用，而车载高等级压力储氢技术也已进入商业化推广阶段，存在较大的降本空间和市场潜力。此类技术适合小规模的储氢需求，同时也存在一些短板。比如储氢容器的强度和耐压性能一般要求较高，耐压容器在存储氢气时也容易发生氢脆腐蚀现象❶，存在泄漏和爆炸等风险。此外，氢气需要经过压缩才可储存，这意味着储氢过程将消耗能源，且能耗随着压力的增大而快速上升。

表 5-4 不同储氢瓶比较

	Ⅰ型	Ⅱ型	Ⅲ型	Ⅳ型
工作压力 /MPa	17.5~20.0	26.3~30.0	30.0~70.0	30.0~70.0
体积储氢密度（kg/m³）	13.9~15.7	20.0~22.2	22.2~38.4	22.2~38.4
使用寿命 /a	15	15	15~20	15~20
材料	纯钢制金属	钢制内胆纤维缠绕	铝内胆纤维缠绕	塑料内胆纤维缠绕

❶ 氢脆腐蚀：钢暴露在高压氢气环境中，氢原子在设备表面或渗入钢内部与不稳定的碳化物发生反应生成甲烷，使钢脱碳，机械强度受到永久性的破坏。在钢内部生成的甲烷无法外溢而集聚在钢内部形成巨大的局部压力，从而发展为严重的鼓包开裂。

	Ⅰ型	Ⅱ型	Ⅲ型	Ⅳ型
介质相容性	有氢脆腐蚀	有氢脆腐蚀	有氢脆腐蚀	无氢脆腐蚀
重容比（kg/L）	1.2~1.5	0.7~1.4	0.3~0.5	0.2~0.3
成本	低	中	高	高
技术进展	国内外技术成熟	国内外技术成熟	国外技术成熟；国内技术基本成熟，已实现国产化	国外技术成熟；国内初步具备量产水平，未完全实现国产化

资料来源：北京市氢燃料电池发动机工程技术研究中心及公开信息整理

2. 液态储氢

由于氢气密度极小，在相同体积下，氢所携带的能量低于天然气，且远低于汽油、柴油等液态化石燃料。氢若要作为能源使用，则必须提升单位体积的能量密度以减小能源存储的空间。如同液化天然气，将氢气转为液态进行存储是人们最容易想到的办法。不过，液氢的沸点在 –252.9℃，接近绝对零度；相比之下，液化天然气的沸点则要高得多，当天然气被压缩、冷却至 –161.5℃时即可完成液化。沸点温度越低意味着液化能耗越高、技术难度更大。从全球范围看，氢气液化技术仅掌握在少数几个国家的手中，液化设备投资规模十分庞大，且液化过程中的能耗占被液化氢气自身能量的40%左右，这意味着1kg氢气如果用自身能量进行液化，则液化后的氢气仅剩约0.6kg。高耗能和高成本因素使得低温液态储氢技术的应用长期集中在资本密集型和技术密集型的航天领域，难以向民用领域推广。不过，在氢能发展热潮下，美国、日本、德国的部分加氢站已采用低温液态储氢技术，并拓展该技术在交通加注领域的应用。日本川崎重工已于2021年交付了全球首艘低温液态氢运输船舶，计划从澳大利亚进口液氢并运至日本，德国和荷兰也正在加速液氢船舶的研制工作[196]。相比之下，我国在液氢生产和存储方面发展速度较慢，在民用领域的应用案例较少。液氢长时间无损储存需要解决正仲氢转化和液氢储罐绝热保温等难题，我国在此方面还面临技术"卡脖子"的难题[197]。此外，民用推广还需要使液氢的生产和储运的成本达到市场可接受的水平，而现阶段高昂的成本也是阻碍低温液氢技术在我国推广的主要因素之一。不过，像中国航天科技集团六院101所、中科富海、鸿达兴业等企业正开展液态储氢技术的研发投入及技术示范，已陆续规划和新建了液氢生产与液氢加注站项目，推动我国低温液氢产业实现商业化发展。

LOHC 技术是利用有机物（如环己烷、甲基环己烷等）与氢气进行可逆的加氢和脱氢反应（属于化学反应），从而实现在常温、常压下的氢气存储，且载体可以循环使用。LOHC 的单位体积储氢密度约为高压气态储氢技术的 2 倍以上，可达到低温液态储氢技术的 60% 左右（40~65kg/m³）。这项技术最大的短板在于脱氢操作较为烦琐，通常需要铂族金属作为催化剂（包括铑、钯和铂），并同时提供高温环境（180~350℃）。而储氢环节虽然属于放热过程，但为了增加储氢速率，在操作时也需要在一定压强（1~5MPa）和温度（130~200℃）下进行，这不仅抬高了储氢成本，同时也加大了技术操作难度[193]。尽管如此，LOHC 相对于低温液态储氢而言技术难度更小、成本更低且商业化的潜力广阔，因此是各国争相推动的重点方向。日本千代田公司在 2022 年已率先完成了世界首个远洋 LOHC 氢气储运示范。该项目以甲基环己烷作为储氢载体，在文莱完成储氢并装载至远洋船舶上，随后运抵日本并成功完成脱氢操作。我国在该技术的研发方面与国际先进水平差距不大，正在开展小规模示范项目建设运营。

3. 固态储氢

固态储氢技术根据储氢载体的材料不同可以分为金属氢化物、碳基储氢、络合物储氢等，通过化学吸附或物理吸附的方式实现氢气的存储。当需要释放氢气时，可通过水解、加热或催化等方式使固态储氢材料释放氢气，具有储氢密度高、压力低、安全性好、释氢纯度高、运输方便等优势。

化学吸附主要是通过金属氢化物储氢技术实现。该技术利用金属氢化物材料（如碱金属铝氢化物包括 $LiAlH_4$、$NaAlH_4$ 等）与氢气进行化学反应，从而生成较为稳定的化合物，其中 $LiAlH_4$ 在室温下的理论质量储氢密度可达 10.5wt.%，即 1kg 材料存储氢气量为 0.105kg，约为 LOHC 储氢密度的 2 倍[198]。这类储氢方式具有安全性高、污染小、材料制备技术成熟等特点，相比于高压气态储氢方式而言，避免了由于储氢罐压力过高所带来的安全隐患，是相对安全的储氢方式。但是该技术也存在缺点，比如需要在较高温度和催化剂作用下进行操作、吸氢和释氢速度慢、材料循环性能差等。

物理吸附大多依靠无机、有机或复合多孔材料实现氢气存储，如碳纳米材料和金属有机框架（Metal-organic Frameworks，MOFs）等。这些材料具有孔隙率高、比表面积大、安全性好等特点，其中碳基多孔材料如石墨烯的理论质量储氢密度最高可达 15wt.%，即 1kg 材料存储氢气量为 0.15kg[176]。但是，此类材料也面临一些问题，比如材料制造成本高、技术难度大、储氢时需要高压和低温环境、实际操作难度较高等，仅适用于实验室小批量制备，还不满足工业化应用的要求[195]。

整体上看，固体储氢材料的研究和发展为氢气的储运开拓了新的思路，但近年对固体储氢材料的研究仍处于探索和实验阶段，固态储氢材料的规模化生产以及循环利用面临挑战，科学上对不同材料的储氢机理和最优储氢条件研究不足。从应用层面看，该技术尚需解决吸放氢速率低、副反应难以控制、循环性能较差、价格高等问题，目前主要在军事或特殊领域应用，如德国 HDW 公司开发的 TiFe 系固态储氢系统已用于燃料电池 AIP 潜艇❶中。相比其他储氢技术而言，固态储氢技术要想实现大规模商业化推广，还有很长一段路走。

5.2.2　运氢技术

同储氢技术一样，氢的运输按照氢或氢载体的物理状态可分为气态、液态和固态三种方式。

1. 气态运输

● 高压长管拖车

长管拖车目前是氢气的主要运输方式，技术最为成熟。我国的长管拖车的压强标准为 20MPa，单车运氢量为 300kg；国际上则通常采用 45MPa 纤维全缠绕高压氢瓶长管拖车，单车的运气量可以提升至 700kg[173]。高压长管拖车输氢方式的充放氢速率快、能耗低、成本相对低廉，但单车的运氢量较小，运营的经济性对运输距离比较敏感，一般仅适合半径小于 300km 的氢气运输。

● 高压气态输氢管道

管道输氢是远距离、大规模氢气输运最为经济和高效的方式。国外管道输氢技术相对较为成熟，全球氢气管道总里程约为 4600km，其中绝大部分集中在美国和欧洲两地。相比之下，我国输氢管道里程虽然较短，仅为 400km 左右，但高压输氢技术和管道运营经验与发达国家相差不大，典型管道项目包含济源—洛阳（25km）和巴陵—长岭（42km）两条运行压力为 4MPa 的纯氢运输管道。此外，我国正规划建设河北定州—高碑店的氢气运输管线，工程全长 164.7km，管径为 508mm，设计年最大输氢量为 100kt，是我国首条达到燃料电池用氢等级的纯氢运输管线；同时，中国石化全长超 400km "西氢东送" 输氢管道示范工程，已被纳

---

❶ AIP(Air Independent Propulsion)潜艇，指的是不依赖空气供能的潜艇。特点是潜伏时间更长，隐蔽性较普通常规潜艇更优秀。

入石油天然气"全国一张网"建设实施方案，建成后将成为我国首条跨省区、大规模、长距离的纯氢输送管道。

由于管道输氢成本受利用率的影响较大，单位运输成本随着利用率的升高而逐渐降低，当利用率提升到 40% 以上时，输氢成本将得到明显改善，所以管道输运适合于下游用户稳定、用量大且距离长的干线运输。表 5-5 对比了我国典型能源输送通道的情况，相比于特高压输电线路和天然气管线，我国专用输氢管道的长度普遍较小，这反映出当前氢气的消费具有明显的区域化特征。从单位工程造价上看，输氢管线最低，约为 $450 \times 10^4 \sim 650 \times 10^4$ 元 /km。不过，管道输气的投资还取决于管径大小、压力等级、征地费用及通货膨胀等因素。随着大管径、长距离、高压力的输氢管道启动建设，输氢方式是否会继续延续其经济性优势，还需要工程实践来检验。

表 5-5 中国输电、输气及输氢管道典型项目汇总

线路	参数	起点	终点	距离（km）	输送能力	总投资（10^8 元）	单位投资（10^4 元/km）	线损
酒泉湖南特高压	±800kV 直流	酒泉	湖南	2383	40 TWh/a	262.00	1099.50	6.5%
宁东绍兴特高压	±800kV 直流	宁夏	绍兴	1720	50 TWh/a	237.00	1377.90	6.5%
西气东输二线	天然气管线 12MPa/ 直径 1219mm	霍尔果斯	广州	4859	300×10^8 Nm³/a	1420.00	2922.40	0.2%
济源—洛阳输氢管线	输氢管线 4MPa/ 直径 508mm	济源	洛阳	25	100.4 kt/a	1.54	616.00	—
巴陵—长岭输氢管线	输氢管线 4MPa/ 直径 457mm	巴陵	长岭	42	44.2 kt/a	1.96	466.67	—

资料来源：[199] 及公开资料

管道输氢方式也存在一些技术难题。正如高压气态储氢里所介绍的，金属输氢管道容易发生氢脆现象，对管道材料的延展性、断裂韧性、裂纹扩展速度等机械性能产生明显影响，特别是在高压工作环境下，氢气将使管道的疲劳裂纹加速扩展，

产生安全隐患[200,201]。因此，国际上的工程经验提出了采用软钢管道输送高压氢气、采用聚乙烯管道输送低压氢气的思路，但总体上依然面临一些新问题，未来新型管材的革新将是管道输氢大规模应用的重要攻关方向之一[202,203]。

除了建设专用输氢管道以外，行业内正在尝试在传统天然气管道中掺混一定比例的氢气，使其与天然气混合运输。根据工程实践的结果看，当天然气混入氢气的体积比重小于10%时，天然气管道系统无须改造即可安全稳定运行。国家电投集团已于2021年在辽宁省朝阳市完成了民用天然气管线的掺氢运输实验，将10%的氢气混入天然气管道进行运输，并成功地在民用终端安全运行了1年。不过，我国在天然气管道设计、建设与运行标准规范方面仍不健全，与发达国家的标准还有较大差距，在现阶段推广天然气管道掺氢技术还面临诸多安全隐患。相比之下，发达国家在掺氢管输方面更加"激进"，英国、比利时、德国等国家均已启动了天然气掺氢规划，其中英国已提出了"英国氢网络计划（Britain's Hydrogen Network Plan）"，拟在2030年前将纽卡斯尔市附近的威尔明顿镇建设成世界首个氢能小镇，并改造当地天然气管网，将掺氢比例提升至20%及以上。

2. 液态运输

液态运氢最大的优势在于单车的运输量大，可达高压气态长管拖车运氢量的10倍以上，十分适合大批量、远距离的运输任务。液氢运输根据氢的物理化学状态可分为低温液氢和LOHC运氢两大类；根据运载工具的不同，可以分为槽罐卡车、槽罐货运列车、专用驳船和液氢管道等。

无论采用哪种方式，液氢运氢中加氢和脱氢过程的技术难度大且能耗高，专用设备的固定投资高。低温液氢运输首先需要把氢气液化至 −253℃，目前仅有法国法液空、德国林德、美国普莱克斯等公司掌握商业化的先进氢气液化技术，而我国仅有航天科技集团等少数企业掌握氢液化系统的设计和制造技术，但商业化进展不及欧美国家。LOHC运氢也面临同样的问题。尽管该项技术不需要将氢气进行降温液化，但需要依靠外部设备进行加氢和脱氢操作，反应条件要求较高，比如常用的甲基环己烷需要加热至230~400℃并在脱氢催化剂的作用下才能实现脱氢。鉴于此，液态运氢方式仅在长距离、大规模的运输情况下才能体现经济性优势。

3. 固态运输

理论上，氢以固态方式运输可以实现更大的运量，是理想的运氢方式。一般而言，固态运氢车辆的单车载氢规模可达20t以上，是高压气体运氢车辆的数十倍。目前，固态运氢技术主要受固态储氢技术成熟度的影响，还处于理论研究和技术验证阶段。

4. 运氢技术对比

运氢的经济性与能耗、运量和距离相关，主流运氢方式的成本与距离变化情况如图 5-11 所示。长管拖车（高压气态运氢）是我国最普遍的运氢方式，技术上已十分成熟，在 300km 以内的短距离运输方面具有成本竞争力。当超出 300km 后，长管拖车的成本将明显上升。一方面是人员、油耗、车辆保养费、保险费等将随着距离的扩大而增加，另一方面是长距离运氢需要多辆运氢车循环运行，以保障终端供氢的连续性，综合起来将大幅抬升运氢成本。

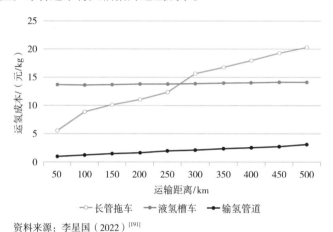

资料来源：李星国（2022）[191]

图 5-11　我国氢气长管拖车、高压气态输氢管道及液氢槽车运氢
成本与运输距离的关系

管道输氢则受下游终端需求的影响较大，只有当下游用户的用氢规模大、用量稳定的时候且管道利用率高时，才会体现经济性优势。此外，输氢管道的固定投资成本高，项目所需资金规模大，还涉及用地审批等一系列问题，需要政府统一规划并提供相应配套政策支持，项目建设难度高、建设周期比较长。

低温液氢槽罐车的运输费用对距离的变化敏感性不如长管拖车，这主要是由于在液氢运输成本结构中，液化设备的固定投资成本和能耗成本所占比重高，而这部分仅与载氢量有关，与运输距离无关。相比之下，受距离影响较大的人员、油耗、保险费等在运氢成本结构的占比小，因此低温液态槽罐车的运输成本对于距离变化敏感性低，当运输距离超过 300km 时，比长管拖车更具成本优势。LOHC 运氢方式大致与低温液氢运输类似，对运输距离敏感度低，适合长距离的运输需求。

5.3 氢的加注

加注环节是氢作为能源使用的重要端口，对于氢能在交通领域的推广至关重要。根据全球加氢站数据网站 H2stations 发布的统计数据显示，2021 年，全球总共新建投运 142 座加氢站。其中，亚洲持续领跑加氢站建设，新增数量达到 89 座，占全球新增总数的 63%。在累计保有量方面，截至 2021 年年底，全球共有 685 座加氢站投入运营，分布在 33 个国家，其中亚洲保有量最高，达到 363 座，日本、中国和韩国分别建有 159 座、105 座 ❶ 和 95 座专用加氢站（见图 5-12）[204]。

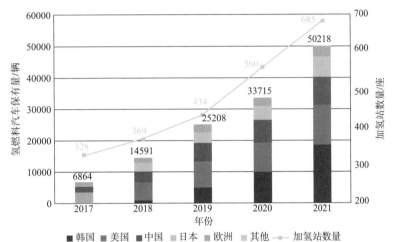

资料来源：H2Stations、IEA、香橙会研究院[204,205]

图 5-12　全球主要国家氢燃料电池汽车和加氢站保有量

当前，全球加氢站的数量增速不及预期，一方面是由于氢燃料电池汽车销量增长缓慢，另一方面是由于加氢站的建设成本高昂、售氢价格昂贵。以我国的一座 35MPa、日加注能力 1000kg 的加氢站为例，其固定投资成本为 1200 万 ~2000 万元（不含土地成本），主要包含设备采购和建设费用。与加油站相比，加氢站的投资成本较高，主要是因为氢气压缩机、加氢枪、高压储氢罐等主要设备国产化率较低、价格高昂。图 5-13 显示的是当前我国加氢站和终端售氢成本的构成。可以看出，国产化率较低的氢气压缩机、加氢机和储氢罐分别占加氢站固定投资成本的 32%、14% 和 11%，合计占比超过 50%。加氢站的终端售氢价格一般在 50~70 元 /kg（不含

---

❶ 根据国家能源局的统计数据显示，截至 2022 年 4 月，我国加氢站(包含具有加氢功能的混合站)已累计建成超过 250 座,占全球加氢站总量的比重接近 40%。

补贴），价格十分昂贵。从终端售氢的成本来看，其主要包括购氢费用、设备折旧、设备运行及人工成本等。其中，氢气采购成本所占比重最高，达到 50%。其次是氢气运输成本（包含可变成本和固定成本），占比达 20%。

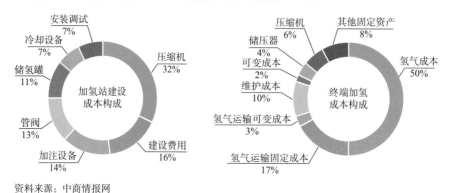

资料来源：中商情报网

图 5-13　加氢站建设成本（不含土地费用）及终端加氢成本构成

由此可以看出，氢能在目前还属于能源"奢侈品"，价格昂贵且基础设施发展不完善，亟须政府的政策和财政支持，以及行业的技术创新和产业协同。近年来，我国加氢站建设进程正在加快，国家出台的《氢能产业发展中长期规划（2021—2035 年）》已明确提出，统筹布局建设加氢站，有序推进加氢网络体系建设，支持依法依规利用现有加油加气站的场地设施改扩建加氢站，探索站内制氢、储氢和加氢一体化的加氢站等新模式。除了宏观规划以外，各地政府也正在积极制定相关落实举措，优化审批流程，针对加氢站出台专门的财政补贴和税收优惠政策，推动加氢网络加快成型。

第六章

海洋氢能

在碳中和时代背景下，绿色低碳成为氢能发展关键词。各国一方面推动 CCUS 技术在传统化石能源制氢领域的应用，稳步发展蓝氢❶产业，另一方面大力推动可再生能源电力与电解水制氢技术的耦合开发，积极培育绿氢产业，为清洁氢的大规模生产和供应提供全方位的支持。从未来趋势看，摆脱对化石能源的依赖、大力发展可再生能源制氢是实现碳中和愿景的关键路径，这一点已在各国的氢能发展战略中展现得淋漓尽致。

然而，电解水制氢技术依然面临成本居高不下的现实难题。目前，全球电解水制氢项目的装机量不足 1GW，年产氢量仅为 500kt 左右，占全球氢气生产总量的比重几乎可以忽略不计[174]。就已投产的电解水制氢项目来看，多数项目选址在水力发电设施周边，利用价格相对低廉的水电进行电解水制氢[145]。在水利设施附近的土地一般比较肥沃，农业比较发达，化肥需求量旺盛。化肥的生产离不开高纯度氢气作为生产原料，这带动了周围制氢产业的发展。即使电解水制氢的成本较高，但就近生产、就地消纳的模式大幅减少了储运成本，降低了氢的终端售价，给予了电解水制氢产业一定的发展空间。不过，这种区域性供需匹配的场景受地域因素限制较大，很难大规模推广，导致电解水制氢产业一直维持在较小的规模。

随着风电、光伏等非水可再生能源发电技术加速降本，其度电成本已经接近甚至低于传统的水力发电技术，这为电解水制氢行业带来了新的发展方向。根据 BNEF 的统计数据，截至 2021 年一季度，全球在建及已规划的公开电解水制氢项目已累计达到 32GW。其中，海上风电制氢的规模比重达到了 53%，而陆上光伏和陆上风电制氢的规模比重合计仅占 17%[206]。这意味着，可再生能源制氢产业正在"向海而生"，海洋氢能的概念正在世界范围兴起。

6.1 海洋氢能发展现状

可能会有人产生这样的疑问，陆上风电和陆上光伏的发电成本已大幅低于海上

---

❶ 蓝氢一般是指在天然气制氢工艺中加装二氧化碳捕集设施，从而减少天然气制氢的二氧化碳排放量，可使天然气制氢的碳排放强度降低80%以上。

风电项目，但为什么海上风电制氢项目的规划容量却遥遥领先呢？虽然陆上可再生能源的发电成本低，但项目大多选址在偏远地带，比如我国的"三北"地区 ❶。这些地方可再生能源资源禀赋好、地广人稀，适合建设 GW 级以上的大规模可再生能源基地。但由于当地经济水平相对落后，工业门类不如沿海地区齐全，氢的需求量较低，面临区域性的供需错配问题。因此，偏远区域生产出的氢还需要经过输氢管道或者陆路运输方式送至氢需求量大且经济较为发达的地方，使得氢的终端售价大幅增加，严重削弱了陆上可再生能源制氢的低成本优势。

相比而言，海上风电制氢与水力发电制氢在产业发展模式上有着相同的特点，均是基于氢的区域性消费特征以实现氢的供需匹配。首先，海上风电项目规模大，海上风力发电机组单机容量已经攀升至 10MW 以上，GW 级规模的大型海上风电项目的数量正在快速增长；此外，海上风力资源丰富而且相对稳定，使得海上风电项目的年可利用小时数明显高于陆上项目，一方面为电解水制氢提供了充足的电力，另一方面也摊薄了氢的生产成本，缩小了与陆上项目的制氢成本差距。其次，电解水制氢需要消耗水资源，而海上风电项目所在区域的海水资源丰富，可利用成熟的海水淡化技术为制氢提供源源不断的淡水原料。更重要的是，海上风电项目毗邻沿海区域，靠近氢能的主要消费市场，这既降低了氢的储运成本，又保障了氢的消纳，增强了项目的开发经济性[105,206]。

英国作为全球海上风电发展领军者之一，已经开始入局海洋氢能领域。目前，英国的海上风电装机容量仅次于我国，拥有全球单体规模最大的海上风电项目集群，其中已建成投产的霍恩西（Hornsea）一期和二期工程均超过了 GW 级别，分别达到了 1.2GW 和 1.4GW。充裕的海洋可再生能源资源储量和海上风电生产能力使英国政府加速培育海洋氢能产业。2020 年，英国苏格兰地区发布了全球首份海上风电制氢报告——《苏格兰海上风电制绿氢的机会评估》（Scottish Offshore Wind to Green Hydrogen Opportunity Assessment）。该报告认为，海上风电的售电模式已经获得市场的广泛认可，而在未来的 30 年里预计将有 240GW 的海上风电项目在英国部署，单纯的售电模式已无法消纳未来巨大的可再生能源产量，海上风电制绿氢将成为新的发展方向，绿氢有望成为新的能源大宗商品[207]。不仅是在英国，其他欧洲国家也开始规划建设绿氢生产项目和氢能贸易港。其中，德国最为积极，已公开的海上风电制氢项目的规划规模已达到 10GW，位列全球首位，荷兰和丹麦紧

---

❶ "三北"地区指的是我国的东北、华北北部和西北地区，包括吉林、辽宁、内蒙古、甘肃、青海和宁夏等省市或自治区。

随其后，发展速度均已超过英国。

6.2　海上风电制氢方案

海上风电制氢是一个比较广义的概念，一般指利用海上风场的电力为电解槽供电以生产氢气的技术。这项技术既可以在海上直接电解制氢，也可以将电力输送至岸上再进行氢气生产，一般按照电解槽所处的地理位置可以划分为岸上制氢和海上制氢两种模式（见图6-1）。岸上制氢模式从技术上看比较容易实现，仅需通过海底电缆将电力引至岸上电解槽，并利用城市工业用水进行电解水制氢。比如拟在丹麦哥本哈根投运的H2RES海上风电制氢示范项目就是采用的这种模式。

海上制氢模式则面临较多技术难题。首先最需要解决的问题就是如何将氢运上岸。现有的工程设计方案一般采用专用输氢船舶或海底管道输氢方式。其次，海上制氢模式还需要考虑电解槽及相关配套设备的安置问题。从目前公开的方案上看，

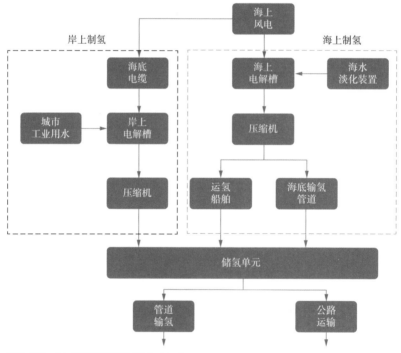

资料来源：《中国海洋能源发展报告2021》

图6-1　海上风电制氢模式示意图

　　碳中和与氢能社会

一般选择在海上风电场附近建设一处类似于海上升压站的海上制氢站，将电解槽、压缩机、海水淡化设备以及小型储氢设施等集中安放于此。从电解水制氢技术路线的选择看，欧美国家几乎全部采用价格较为昂贵的质子交换膜电解槽，其优势在于设备紧凑、与可再生能源适配性强且运维难度较低。相比之下，我国拟建设的海上风电制氢项目则倾向于选择造价便宜、技术成熟、国产化率高的碱性电解槽，尽管该技术存在一些缺点，比如设备占地面积大、运维难度高、启停速度慢、与可再生能源适配程度差等。另外，海上制氢还需要额外安装海水淡化装置，一般采用工业上比较成熟的反渗透膜海水淡化设备。为了简化制氢流程，也出现了海水无淡化原位直接电解制氢技术。该技术省去了海水淡化过程，可就地直接利用海水进行电解制氢，但也面临一些工程难题需要解决，比如抗腐蚀电极制造、催化剂失效、析氯副反应、钙镁沉淀、连续长时间生产等。

有关海上风电制氢项目的具体设计方案也正在加速涌现，总体上可以分为四种类型（见图6-2）[206]：

（1）海底电缆输电至岸上制氢。该方案属于典型的岸上制氢模式，目前在实际工程上比较容易实现。该模式主要用于解决海上风电的消纳问题，在用电低谷期时可切换至制氢模式，以此提升海上风电项目的消纳利用水平。

（2）储氢配燃料电池调峰。该方案配置电解水制氢、储氢及燃料电池集成系统。这种设计主要有两方面特点：一是可以解决电力消纳问题。在电力上网受限（"弃风"）情况下，利用电解槽进行电解水制氢并进行存储，在用电高峰期时，又利用燃料电池将氢转化为电能出售给电网，从而最大限度地保障电能的利用率。二是可以改善电力输出的波动性问题。风电和光伏发电普遍具有明显的间歇性和波动性特征，电能输出的质量远不如传统发电技术，属于电网"不友好"型电源。为了改善电力输出的稳定性，该种方式可利用燃料电池系统，将用电低谷期生产的氢现场转化为电，优化调节海上风电的电力输出特性，改善电能质量。

（3）海上制氢管输上岸。此方案属于典型的海上制氢模式，通过集电线路将各台风机产生的电能汇集至海上制氢站并进行电解水制氢，再通过专用海底输氢管道或者天然气管道掺氢方式将氢输送至陆地。此种方案替代了成本高昂的海底电缆，根据测算，当项目离岸距离较远且规模较大时，采用此种方案可能比岸上制氢模式更具经济性[208]。

（4）集成式风力发电机组。该方案是将电解槽内置于海上风力发电机组机舱，使得单台风力发电机既可以正常发电也具备现场电解水制氢的功能。德国西门子

（1）岸上电解水制氢

（2）电解水制氢 + 燃料电池 + 管输

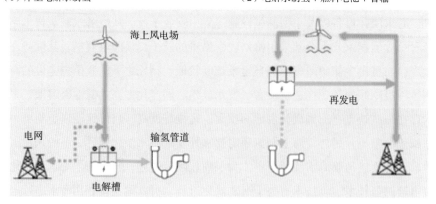

（3）海上制氢站 + 管输

（4）风机集成制氢装置 + 管输

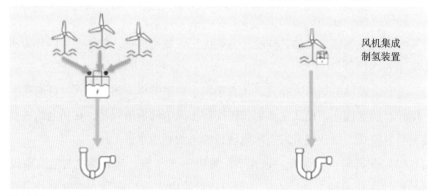

资料来源：BNEF[206]

图 6-2　典型海上风电制氢模式

歌美飒计划在其 14MW 大型风机 SG14-222 DD 上集成一套电解槽设备，并将于 2025 年前后开展全尺寸样机试验。

6.3　海上风电制氢经济性

鉴于当前海上风电制氢项目绝大部分处于概念设计和示范项目的建设阶段，项目实际运行情况和经济参数十分缺乏，有关数据主要依赖模型的推演计算。《苏格兰海上风电制绿氢的机会评估》报告对英国北海海域海上风电制氢三种不同场景进行了成本估算[207]（见图 6-3）。场景一采用了一台 14MW 集成式海上风电机组配合船舶运氢，该模式属于海上制氢模式，其对应的平准化制氢成本（LCOH）

场景一：单台风机制氢示　　　　场景二：商业规模海上风电　　　　场景三：商业规模海上风电
范项目（海上制氢模　　　　　制氢项目（岸上制氢模式）　　　制氢项目（海上制氢模式）
式）

结果	单位	场景一	场景二	场景三
投产时间		2025	2028	2032
风场规模	MW	14	500	1000
氢产能	t/d	3	119	276
LCOH	英镑/kg	6.24	2.91	2.26

资料来源：Scottish Government[207]

图6-3　苏格兰海上风电制氢模型计算结果

为 6.2 英镑 /kg，约合人民币 55.8 元 /kg。场景二则是 500MW 的商业化制氢项目，
采用岸上制氢模式，投产时的 LCOH 约为 2.9 英镑 /kg，即 26.1 元 /kg。场景三
是 1000MW 的大型制氢项目，采用海上制氢配合专用输氢管道的方案，投产时的
LCOH 约为 2.3 英镑 /kg，即 20.7 元 /kg。从以上的结果可以看出，若要提升海上
风电制氢项目的经济性，首先是要扩大项目规模，充分利用规模化效应的优势。其
次是延迟投产时间，等待海上风电和电解槽等设备的投资成本进一步降低。另外，
该报告还指出，对于大规模、离岸距离远的海上风电项目，更建议采用海上制氢配
合专用输氢管道的方案，其经济性比岸上制氢更具优势。

　　我们在上一章曾讨论过不同制氢技术的成本现状及未来趋势（见图 5-8）。其
中，结合我国海上风电技术水平和沿海的风能资源禀赋（主要是可利用小时数），
对我国海上风电制氢的成本趋势进行过分析，得出了与英国情况比较相似的结论。
随着海上风电度电成本的大幅下降，预计到 2030 年前后，我国海上风电制氢的
LCOH 或达到 23 元 /kg 左右，到 2040 年降至约 15 元 /kg，到 2050 年达到当前煤气
化制氢的成本水平，即 10~12 元 /kg，从而完全具备市场竞争力。总的来说，2030
年前后将是海上风电制氢产业高速发展的重要节点，海上风电制氢有望逐步成为绿
氢的重要供给来源。

6.4　全球海上风电制氢项目

海上风电制氢在现阶段主要以理论研究和技术验证为主，商业化的大型制氢项目尚未建成，绝大部分还处于规划阶段，并且计划建成年份基本在 2025 年以后。欧洲在海上风电规划规模、海上风电制氢技术研究方面领先全球，正在积极推动示范项目投产运行。

6.4.1　国外海上风电制氢项目

1. 荷兰 NorthH$_2$ 项目

NorthH$_2$ 项目由荷兰 Gasunie 集团、格罗宁根海港和壳牌公司联合开发，是已公开的全球最大的海上风电制氢项目之一，预计 2030 年制氢规模将达到 4GW，到 2040 年增长至 10GW，届时，绿氢产能有望达到 1Mt/a。图 6-4 展示了 NorthH$_2$ 的项目规划图，短期将采用岸上制氢模式，通过海底电缆输电至埃姆斯哈文（Eemshaven）港口后进行氢气生产。同时，该项目计划升级现有天然气管道，通过掺氢方式将氢气输送至终端用户。项目还计划在靠近荷兰与德国边境的地方建设一个以天然盐穴为基础的大型地下氢气储气库，加强氢气的存储和调配能力。

2. 丹麦 H2RES 项目

H2RES 由丹麦沃旭能源（Ørsted）投资建设。该项目利用哥本哈根 Avedøre Holme 港口的两台 3.6MW 的海上风机为港口 2MW 电解槽供应电力，进行岸上制氢。项目预计在 2023 年底投产，预计产能最高可达 1000kg/d。沃旭能源作为全球最大的海上风电开发商，已将发展海上风电制氢作为公司的战略之一，计划以 H2RES 项目为基础积累工程经验，逐步扩大海上风电制氢的产业规模。

3. 英国 Dolphyn 项目

Dolphyn 项目由英国 ERM 公司牵头设计，拟采用 10MW 漂浮式风机生产绿氢。项目的最大特点是采用漂浮式基础平台和高度集成的设计理念，通过将风力发电机组、电解槽、储氢设施、海水淡化装置、太阳能板等集成在漂浮式平台上，最大化节约工程制造及安装施工费用，从而降低制氢成本（见图 6-5）。根据计划，该项目预计在 2030 年前实现 100～300MW 的装机规模，在 2030 年后逐渐实现 1GW 以上的装机目标。

资料来源：NortH₂ 官网

图 6-4　NortH₂ 海上风电制氢项目规划图

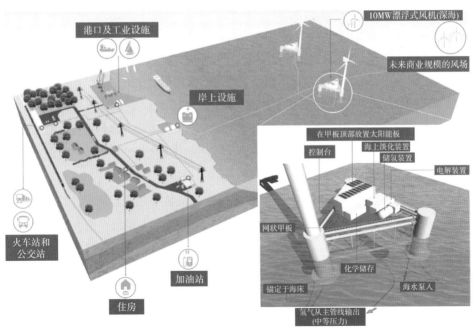

资料来源：ERM 公司官网

图 6-5　Dolphyn 设计概念图

6.4.2　国内海上风电制氢项目

由于我国海上风电产业相对于欧洲国家起步较晚，尽管规模已位居全球首位，但产业发展阶段依然滞后。当前，我国的海上风电制氢还处在发展初期，以概念设计、技术验证和前期研究为主，上海、广东等地已从规划层面开始布局海上风电制氢产业，提出开展深远海风电制氢相关技术研究，打造深远海风电制氢示范基地等目标。随着我国"双碳"目标的深入推进和国家氢能产业规划的落地实施，我国海上风电制氢产业发展进程或将提速。

6.5　海上能源岛

海上能源岛的概念起源于欧洲，是海洋可再生能源特别是海上风电规模化发展过程中自然诞生的新概念。近些年，海上风电装机规模高速增长，正从近海朝着深远海方向发展。然而，随着离岸距离的增加，海上风电项目的电力送出成本呈指数级上升，并且还面临电力无法被全额消纳的风险，多重因素导致深远海项目开发难度大，在一定程度上限制了海洋可再生能源的进一步发展。为了解决以上问题，海上能源岛模式应运而生。海上能源岛其实就是能源中继站，人们在自然岛屿或者人工岛屿上集中兴建大型升压站、变电站、储能装置、制氢设备以及 Power-to-X 设施等，并以此为中心集中连片规模化开发周边的海洋可再生能源，从而减少基础设施的重复建设，全面提升海洋可再生能源开发的经济性[209]。图 6-6 显示的是能源岛概念图，这座岛屿集光伏、光热、风能、波浪能、温差能等多种可再生能源于一体，同时设有电解水制氢、海水淡化等装置，并建有现代化的港口，可实现对海上可再生能源和淡水的集中外输。

丹麦作为世界上首个开发海上风电的国家，也正在引领海上能源岛的建设。该国在 2020 年对外宣布，将利用北海和波罗的海的巨大风力资源，建设博恩霍尔姆岛和"风岛"两个能源岛（见图 6-7）[210]。博恩霍尔姆岛位于波罗的海西南部，是一处有常住居民的自然岛屿，一期工程将在周边建设 2GW 容量的海上风电项目。"风岛"则是一处拟建的人工岛屿，位于北海海域，距离丹麦西部海岸约 80km。该岛将作为附近大型海上风电项目的能源枢纽，集中建设能源送出设施，围绕岛屿附近的海上风电可开发潜力高达 10GW。两座岛屿预计在 2030 年前后完工，还将

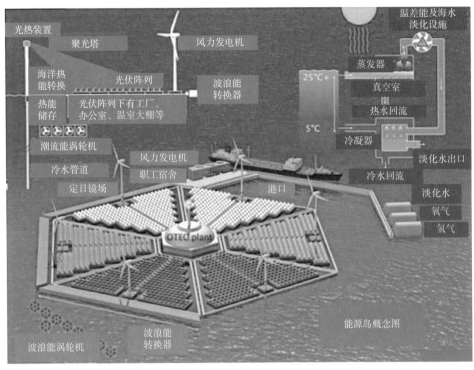

资料来源：Energy Island

图 6-6　能源岛概念图

博恩霍尔姆岛（Bornholm）位于波罗的海西南部，面积为 $588km^2$，人口约为 4 万。该岛成为能源岛后，海上风电装机规模将提高至 2GW。

资料来源：Danish Energy Agency

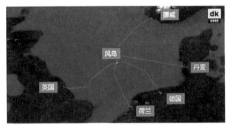

Vindϕ（风岛）人工岛位于北海，距离丹麦日德兰半岛海岸约 80km，"风岛"设计装机容量为 3GW，可扩展至 10GW 规模。

图 6-7　丹麦能源岛计划

配备电解水制氢设备或 Power-to-X 生产设施，用于生产绿氢、绿氨或其他绿色燃料，为航运、航空、工业等行业提供绿色能源产品。

6.6　氢能贸易

海洋氢能生态的形成将极大地促进全球氢能贸易的发展，推动氢能成为继 LNG 之后另一种重要的全球能源大宗商品。根据 IRENA 的报告，预计到 2050 年，全球有超过 30% 的氢需要通过跨境贸易实现[145]。截至目前，已有包括我国在内的 30 多个国家和地区计划开展跨境氢能贸易。其中，日本已在海外设立氢能生产基地，并建造了低温液氢运输船和液态有机氢载体运输船；德国已与挪威、非洲、澳洲等签订氢能贸易协议。

6.6.1　氢能贸易市场

氢能贸易的发展离不开贸易体系的支撑。在全球范围内，氢的定价和交易体系尚未成型，但部分经济体和国际机构已开展了一些前期工作。2020 年 10 月，荷兰政府宣布开展氢能交易所（HyXchange）建设，启动原产地保证制度和氢价格指数（Hydrix）体系设计，并已在荷兰国内开展试点。同时，欧洲能源交易所（European Energy Exchange）也于同年 11 月，成立首个氢能工作组，讨论氢能市场透明度、氢能指数和基准等议题，并启动运营了首个欧盟范围内的氢原产地保证书市场，拟增强氢产品的透明度和可追溯性。

我国也正在加速打造氢能贸易中心。近年来，上海市加速推动打造氢能贸易平台。2022 年 8 月，上海市印发《关于支持中国（上海）自由贸易试验区临港新片区氢能产业高质量发展的若干政策》，提出支持国内氢能龙头企业、碳交易专业平台机构等在临港新片区联合设立统一、高效的氢能贸易平台，并逐步探索建设全国性氢交易所。同年 9 月，上海环境能源交易所正式发布中国氢价指数体系首批"长三角氢价格指数"，旨在反映长三角氢价格及清洁氢价格的总体水平和变动趋势。

6.6.2　我国氢能贸易展望

我国是氢生产和利用大国，培育氢能贸易能够进一步促进我国氢能生态的成型。当前，我国氢贸易还主要依靠氢储运商的衔接，价格以询价方式产生。而在未来，集中氢贸易将有助于实现氢的商品交付与价格发现功能，充分、合理地反映氢的价值。同时，氢现货衍生出的期货、期权等金融衍生品，还能够帮助生产商和用户进行有效的风险管控。此外，构建氢能贸易和定价体系，将有利于提高我国在全球清洁低碳能源体系中的竞争力。

在海洋氢能生态的带动下，未来我国氢能的跨区域和跨境贸易将加速发展，从而促进氢能在不同地域间的供需平衡，有利于全球氢能生态圈的形成。长期来看，随着我国可再生能源规模的不断扩大和氢能储运技术的不断发展，我国的氢能贸易量将不断增长，逐渐具备成为氢能进出口大国的基础。

6.7　小结

在本章中，我们介绍了海洋氢能正在全球兴起的原因，这与氢能区域性供需匹配的产业特征密不可分。由于清洁氢特别是可再生能源制氢的成本过于高昂，因此在落实氢能消费市场的前提下，应尽可能降低运输距离、减少储运成本，这就要求氢能产业发展必须首先贴近市场才能具备一定的经济效益和规模化发展的基础。由此可以分析出，沿海地区凭借较高的经济水平、齐全的工业门类、发达的交通网络和严格的环保政策，将大概率成为引领氢能发展的核心区域。于是，发展海洋氢能正在成为各国培育氢能产业的重要方向。

我们或许可以从英国 H21 Leeds City Gate 氢能规划看出海洋氢能的发展思路（见图 6-8）。该项目拟将现有天然气管网改造升级为 100% 氢气管网，旨在"氢化"利兹市。在短期内，氢的供应将主要依靠成本较低的天然气制氢 +CCS 的蓝氢生产模式，并以北海的海上天然气作为制氢原料。在未来，氢的供应将逐渐过渡至海上风电制氢，实现绿氢的替代。为了保障氢能的稳定供应，该项目还规划了几处大型地下盐穴用于氢的大规模存储。氢能基础设施的完善将拉动区域内的氢能消费，促进氢能应用场景的拓宽，逐步推动海洋氢能生态圈的形成。在海洋氢能经济的带动下，氢能生态圈的范围将逐渐向内陆城市扩展，进而促进整个氢能社会的成型，这将是我们下一章重点讲述的内容。

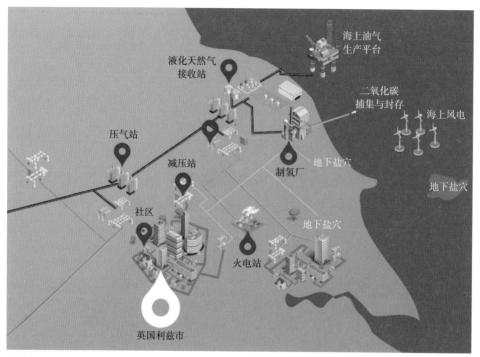

资料来源：Northern Gas Networks

图 6-8　英国 H21 Leeds City Gate 氢能项目

第七章

氢能社会

纵观整个能源发展史，从木柴到煤炭，从石油到天然气，再到可再生能源和氢能，主要能源的含碳量持续下降，含氢量随之上升，这种此消彼长的趋势让我们愈加清晰地看到了未来能源的模样，一艘被称为"氢能"的帆船已经悄然在海平面上露出了它的桅杆尖头。

7.1 全球氢能发展情况

7.1.1 主要国家氢能战略与政策

在碳中和愿景下，发达经济体行动迅速，根据自身资源禀赋、气候目标和科技水平，制定了国家或区域层面的氢能战略，并绘制了迈向氢能社会的路线图。

1. 欧洲：氢能战略明确，配套政策完善

欧洲国家在应对气候变化、实现碳中和方面一直走在世界前列，关于氢能的发展思路十分值得其他地区借鉴。从欧盟氢能政策发展历程可以看出，该地区氢能产业的兴起主要靠气候政策牵引，顶层设计清晰，配套政策完善（见图 7-1）。从 2009 年欧盟颁布首版《可再生能源指令》（Renewable Energy Directive）开始，氢能被正式纳入欧洲的能源体系，氢的清洁属性以及应对气候变化的重要作用被官方认可。随后，氢能经历了一段"沉静期"，在 2020 年前后迎来了新一轮发展窗口期。《欧洲绿色协议》（European Green Deal）这项重磅政策的出台，为欧盟应对气候变化、积极推动能源转型提供了顶层设计方案，而《欧洲气候法》（European Climate Law）的颁布实施，给欧盟国家到 2050 年实现碳中和设立了刚性约束指标，也提供了法律保障。在宏观政策和法律的双重保障下，欧盟氢能发展的确定性进一步增强。

在此背景下，欧盟委员会发布了《气候中性的欧洲氢能战略》（A Hydrogen Strategy for a Climate-neutral Europe）[211]，比较清晰地绘制了氢能发展路线图。这份文件从开头就提出了欧盟发展氢能的首要原则——培育可再生能源制氢，从源头上实现氢能的绿色属性。为此，欧盟将分三个阶段构建氢能生态。第一阶段，即 2020—2024 年，核心目标是提高绿氢产能，安装至少 6GW 的电解槽用于可再生能源制氢，产能目标达到 1Mt/a。同时，在储运、加注和应用领域推广氢能，引导社会资本进入

氢能领域。第二阶段，即 2025—2030 年，首要目标依然是提升绿氢产能，电解槽累计装机规模达到 40GW，产能达到 10Mt/a，推动氢能成为欧盟综合能源系统的重要组成部分。在此阶段，氢的整体成本将大幅降低，推动氢在炼钢、卡车、铁路和海运等领域实现广泛应用。由于经济性和效率的整体提升，氢的储能角色将日益凸显，反向助推可再生能源的深度发展。第三阶段，即 2030—2050 年，主要任务已从提升绿氢产能转至培育完整的氢能生态系统，确保氢能在难以脱碳的领域得到充分利用。值得注意的是，在此阶段，氢能与碳循环经济形成了有效结合，二氧化碳和清洁氢通过 Power-to-X 技术实现有效融合，液态轻烃燃料、甲醇等产品得以通过此路径大规模生产，氢能社会生态得以最终构建。

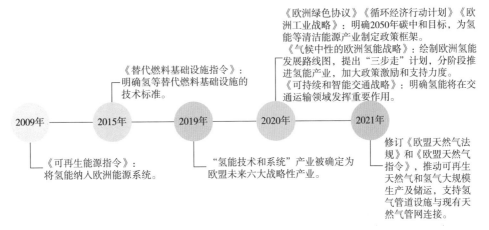

图 7-1　欧洲氢能战略及政策发展路程

在欧盟国家中，德国的氢能产业发展可谓"一骑绝尘"。与欧盟其他成员国相比，德国的化石能源对外依存度较高，"富煤缺油少气"基本可以概括其能源资源禀赋特征。在应对气候变化和保障国家能源安全的双重目标驱动下，德国在推动能源转型方面的意愿要比其他欧洲国家更为强烈。2020 年，德国政府发布了《国家氢能战略》（National Hydrogen Strategy）[212]，提出 2020—2023 年将由能源与气候基金为绿氢研究提供 3.1 亿欧元资助，并将氢能产业的投资力度提升至 90 亿欧元以上。从产业布局来看，德国依托其强大的汽车工业，首先在交通领域发力，重点投资燃料电池汽车技术。该国在 2007 年启动"氢能与燃料电池科技创新计划"，10 年内累计投入了约 5 亿欧元科研经费，并要求参与计划的企业按照 1∶1 比例配套研发资金，用于支持氢能与燃料电池技术创新。为了完善氢能产业链建设，德国政府牵头成立了"国家氢与燃料电池组织"，主导技术创新计划项目达上百个，涵盖燃料电池开发、加氢站建设、氢能运输、氢能固定式电站等几乎所有与氢能相关的领域。在 2021 年，德国政府进一步加大氢能产业扶持力度，为 62 个氢能项目提供了总计 80 亿欧元的扶持资金，其中包括 1700km 氢气管道建设和 2GW 以上可再生能源电解水制氢项目等，计划带动 330 亿欧元的投资。

作为曾经的欧盟成员国，英国也在大力培育氢能产业。2021 年，英国政府正式发布了《英国氢能战略》(UK Hydrogen Strategy)[213]，提出了氢经济路线图，对氢的"制储运加用"进行了较为详细的规划，针对未来 30 年分 4 个阶段设置关键节点和指标。与欧盟不同的是，英国选择了绿氢和蓝氢并行的发展策略，尤其强调了 CCUS 的脱碳作用。在现阶段可再生能源制氢经济性不佳的情况下，英国选择优先发展天然气制氢 +CCUS 的蓝氢产业，并制定行业标准和商业模式，提出"氢网络计划（Britain's Hydrogen Network Plan）"，预计 2023 年前后完成 20% 掺氢天然气网络改造，小范围试点天然气掺氢社区的建设运行。中远期发力绿氢生产，依托海上风电产业基础，大力提升海上风电制氢产能，2025 年和 2030 年分别完成 1GW 和 5GW 的可再生能源制氢装机目标。另外，这份战略在基础设施建设、监管政策框架、贸易规则、资金扶持、研发与创新等方面均提出了量化指标，在供应链、产业链、价值链和生态链构建方面也做出了较为详尽的设计，为构建氢能社会明确了发展路径。

2. 美国：核心技术引领，政策反复多变

美国是最早提出发展氢经济的国家。早在 20 世纪 70 年代，通用汽车技术中心就提出了"氢经济"概念。在学术界的推动下，美国牵头组建了国际氢能学会（International Association for Hydrogen Energy，IAHE），加强氢能技术的研发力度，以"自下而上"的方式推动氢能发展。由于社会层面和政府部门对氢能的关注度不够，美国的氢能产业未能兴起。直到 2001 年，小布什政府加大对氢能的支持力度，对氢能的制备、储运、应用等环节的技术现状和未来发展趋势进行了详细论证，开始"自上而下"绘制产业发展路线图，掀起了氢能产业的发展热潮。从扶持方向看，美国首先强调的是掌握核心技术，启动了"氢燃料计划"，针对氢能技术研究、示范项目建设等提供总计约 12 亿美元的资金支持。其次是发挥市场作用，由政策部门牵头组建氢能产业联盟，通过"自由合作汽车研究计划"等项目鼓励汽车行业加大对燃料电池汽车技术的研发和投资力度。此外，美国政府也积极倡导国际合作，通过与日本、德国等国家和地区合作，推出"氢经济国际伙伴计划"，为氢能发展奠定国际合作基础[214]（见图 7-2）。

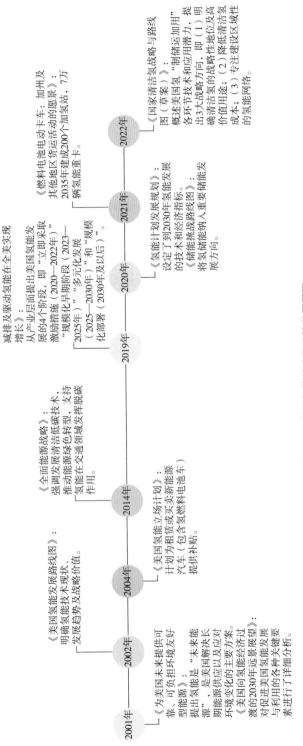

图 7-2　美国氢能战略及政策发展历程

然而，美国的氢能发展之路并不顺畅，这主要源于联邦政府频繁更替，主政一方对于新能源的立场迥异，从而使得能源政策很难保持长期延续。小布什政府在 2004—2008 年对氢能产业保持了较高的投资强度，一度达到每年 2 亿美元以上。2008 年金融危机之后，奥巴马政府坚持缩减预算，将氢能的研发投资缩减至原来的一半左右。特朗普政府上台后，由于其立场更倾向于石油和天然气等传统能源，联邦政府大幅削减了对氢能的支持力度。2021 年，拜登政府宣布重新加入《巴黎协定》，并签署了《两党基础设施建设法案》(Bipartisan Infrastructure Law)，这其中包括为氢能提供 95 亿美元的资金支持，美国氢能产业由此进入了新发展阶段。2022 年，美国能源部对外发布《国家清洁氢战略与路线图（草案）》(Draft DOE National Clean Hydrogen Strategy and Roadmap)[215]，对美国氢能产业现状、潜力和未来方向进行了详细描述，同时为氢能发展设立了关键目标，明确了 3 大重点任务：(1) 瞄准战略性、高价值氢能应用场景，特别是深度"难以脱碳"的领域，例如工业部门、重型运输和长时储能；(2) 降低清洁氢全产业链成本，利用"氢能攻关计划（Hydrogen Shot）"在 10 年内将清洁氢生产成本降至 1 美元 /kg；(3) 聚焦区域氢能网络建设，通过建设氢能产业集群，实现大规模清洁氢生产和就近消纳。在清洁氢（包括绿氢、蓝氢及其他结合脱碳技术生产的氢）供应能力方面，美国能源部提出了到 2030 年、2040 年和 2050 年分别实现 10Mt/a、20Mt/a 和 50Mt/a 的产能目标。通过这份文件可以看出，氢能在美国能源系统中的定位十分明确，主要作为深度脱碳工具在"难以减排"的区域发挥减碳作用，而并未像欧洲国家那样作为能源体系的重要组成部分来发展。

尽管美国氢能产业的发展速度和规模不如欧洲，但美国依靠其强大的科技研发实力和产业孵化环境也培育了一些世界级的氢能企业，包括布鲁姆能源（Bloom Energy）、普拉格动力（Plug Power）、杜邦（DuPont）等燃料电池关键零部件和系统设备制造企业，以及以空气产品公司（Air Products）为代表的氢储运、加注设备供应商。成熟的商业环境和开放的创新氛围使得美国在氢能核心技术研发和应用方面长期处于全球领先地位。

3. 日本：产业布局全面，发展目标清晰

日本是典型的资源短缺型国家，长期以来，高度依赖化石能源进口，能源安全一直是掣肘该国发展的重要问题。为了改善自身的能源结构，降低能源对外依存度，发展氢能被日本列为国策，并率先在全球范围内提出建设"氢能社会"目标，旨在使氢能在国民经济和社会发展中得以广泛普及。

早在第一次石油危机爆发当年，日本便成立"氢能源协会"，依托大学和研究机构推动氢能技术研发。随后的 30 年中，日本政府大力扶持燃料电池技术研发项目，通过日本新能源产业技术综合开发机构（The New Energy and Industrial Technology Development Organization，NEDO）设立"氢能源系统技术研究开发"综合项目，用于支持氢气制备、存储、运输、应用等全链条产业培育。2013 年，在《日本再兴战略》的推动下，家用燃料电池系统和燃料电池汽车开始面向普通家庭推广。随着氢能相关技术的突破，日本在《能源基本计划》中正式提出了建设"氢能社会"的目标愿景，明确将氢能列入重点发展方向。随后，日本加速氢能产业发展，相继公布了《氢能与燃料电池战略路线图》《氢能源基本战略》等文件，确立了顶层设计由产业经济省统筹，燃料电池技术研发和氢能基础研究由环境省与国土交通省支持的跨部门协同机制。同时，日本政府为建设氢能社会还设立了发展目标。比如在交通领域提出，燃料电池车辆和加氢站在 2025 年分别达到 20 万辆和 320 座；到 2030 年，分别达到 80 万辆和 900 座。此外，还针对氢能的"制储运加用"等关键环节设置定量指标，比如蓝氢生产成本到 2030 年降至 30 日元 /Nm³（约合人民币 1.45 元 /Nm³），电解水制氢设备成本降至 5 万日元 /kW（约合人民币 2416 元 /kW）等。为实现以上目标，日本政府计划将氢能产业的财政支持力度提升至每年 770 亿日元（约合人民币 37 亿元）（见图 7-3）。

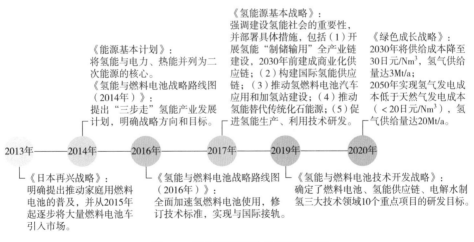

图 7-3　日本氢能战略与政策发展历程

目前，日本已基本完成了氢能全产业链布局，在燃料电池和其他氢能技术领域的专利数量领跑全球。由于资源禀赋的限制，日本的氢能还无法实现自主生产，依然同化石能源一样，高度依托海外进口，但多元化的能源结构也提升了日本的能源

"安全感"。自 2020 年以来，日本已启动澳大利亚—日本液氢船舶运输和文莱—日本液态有机氢载体船舶运输两个示范项目，计划开辟海外氢能进口航线。通过此类示范项目的建设，日本在氢长距离、大规模储运方面积累了实际运行经验，为后续全球化氢能贸易奠定了产业基础。同时，日本加氢站的建设也在有条不紊地推动，截至 2021 年底，日本在营加氢站数量已接近 160 座，其建设速度在亚洲范围处于领先地位。日本在氢能交通领域也体现了其雄厚的技术实力，丰田第二代 MIRAI 氢能轿车，能实现 3min 加氢和 800km 的长续航能力。最值得一提的当属日本户用燃料电池系统的普及。在政府引导下，日本松下、东芝、东京燃气等公司成功研发并推广了 Ene-Farm 分布式热电联供系统。截至 2021 年年中，Ene-Farm 项目总共在日本全境推广超过 40 万套户用热电联供燃料电池设备，并将持续扩大推广规模，到 2030 年实现累计推广超过 500 万套设备的目标。这项计划为推动氢能成为日本的支柱型能源提供了"群众基础"。整体上看，日本政府对于氢能社会的构建做到了"事无巨细"，在顶层设计、法规制定、政策配套、产业支持、技术研发等方面都绘制了较为详尽的发展路线图，为其他国家建设氢能社会提供了重要参考。

4. 韩国：氢能交通引领，产业重心明确

韩国同日本类似，受资源贫乏的限制，能源对外依存度超过 90%，可再生能源在能源结构上的占比仅为 5% 左右。为了调整能源结构，降低能源对外依存度，早在 2005 年，韩国政府就宣布了《氢能和新可再生能源经济的总体规划》，推动氢经济的形成。此后，韩国相继出台了《可再生能源配额标准方案》《新能源汽车规划》等文件，重点扶持氢燃料电池汽车产业，并规划加氢站等基础设施的建设。2019 年初，韩国政府对外发布《氢经济发展路线图》，成为继日本之后全球第二个正式提出建设氢能社会的国家。根据该路线图的设计：2018—2022 年为氢能立法、技术研发和基础设施投资的准备期；2022—2030 年为氢能推广发展期；2030—2040 年为氢能社会建设期；到 2040 年，韩国氢燃料汽车的累计产量计划增至 620 万辆，加氢站增至 1200 座，氢能自主生产比重达到 50%。从政府发布的氢能发展思路看，韩国将氢能作为推动经济发展模式变革的重要工具，一是借助氢能推动经济运行方式向绿色低碳方向发展；二是提升氢能在能源结构中的比重，降低能源对外依存度，以能源自主可控推动经济自主性的提升（见图 7-4）。

为推动氢能发展，韩国政府的核心目标是激活氢能需求，通过打造全球最大的氢燃料电池汽车市场，带动氢经济的形成。在国家激励政策和补贴的推动下，韩国 2021 年的燃料电池汽车全年销量就达到了 8500 辆，占全球总销量的比重为 52%。

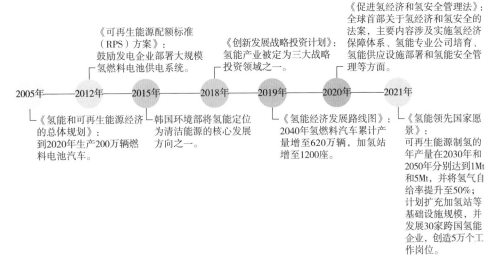

图 7-4　韩国氢能战略与政策发展历程

这使得韩国的燃料电池汽车保有量达到了 1.95 万辆，占全球燃料电池保有量的 39%，一举成为全球最大的氢燃料汽车市场。在基础设施建设方面，截至 2021 年底，韩国加氢站数量已升至约 170 座（含规划、在建和投运），并计划将现有 2000 余座液化石油气加气站改造成为油气氢综合加注站，目标是在 2040 年达到 1200 座，覆盖 620 万辆燃料电池汽车。另外，在政府牵头下，韩国已经组建了氢能产业联盟，包含 SK 集团、浦项钢铁和现代汽车等各行业巨头，加速氢能商业化进程，通过培育市场带动氢经济发展，从而实现氢能社会的建设目标。

7.1.2　全球氢能产业发展情况

目前，全球已超过 30 个国家颁布了国家层面的氢能战略，针对氢能产业链各环节出台了明确的补贴政策。从产业层面看，截至 2021 年年底，IRENA 数据库中的全球清洁氢项目总数已经累计超过 500 项[145]。其中，有 42% 的项目集中在传统的工业领域，如合成氨、化工、甲醇等，主要用于传统行业的减碳脱碳。其次是氢能交通，包括氢燃料电池重卡、船舶甚至小型飞机等。值得关注的是绿氢生产项目情况，GW 级别电解水制氢项目已达 43 个，这表明各国对于绿氢产业的信心正在增长。此外，包括氢能基础设施建设和跨领域的脱碳合作也正在稳步推进（见图 7-5）。

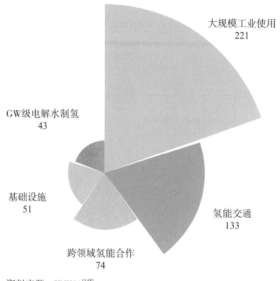

大规模工业使用
221

GW级电解水制氢
43

基础设施
51

氢能交通
133

跨领域氢能合作
74

资料来源：IRENA[145]

图 7-5　截至 2021 年底全球清洁氢已建、在建和规划项目情况

　　尽管全球氢能产业已经蓄势待发，但当前产业也面临诸多方面的挑战。一是供应端严重依赖化石能源。根据 IEA 的统计，当前全球氢气产量约为 100Mt/a，其中电解水制氢产量占比不足 1%，化石能源制氢和工业副产氢为主要产氢方式。二是基础设施建设力度不足。全球约 85% 的氢气采取的是就地消纳模式，氢贸易市场规模小，基础设施建设不足，全球专用输氢管道总里程约为 4600km，加氢站数量累计不足 700 座。三是终端需求尚未有效激活。交通领域作为拉动氢能需求的"火车头"，发展不及预期，2021 年全球氢燃料电池汽车销量仅约为 1.6 万辆，而同期的纯电动汽车销量则高达 480 万辆。此外，氢能在冶金、发电、建筑等领域的需求因价格高企和技术问题也暂未实现突破。四是产业发展高度依赖政策牵引。随着世界各国发布碳中和目标，发展氢能产业已成为大国应对气候变化的重要施力方向。在需求未能激活、基础设施缺乏、经济性不佳的产业现状下，政府对碳排放的监管力度和氢能补贴政策的连续性将决定产业的发展节奏。

　　从发展势头上看，国际社会依然普遍看好氢能产业的前景。首先是碳中和愿景为氢能产业提供持续政策支持的确定性高。当前，全球主要国家已将应对气候变化列为长期要务，并深刻认识到氢能在交通、工业等难减排领域的深度脱碳作用。全球已发布的国家氢能战略均提出，将大幅提升可再生能源制氢的产量比重，加快氢能基础设施建设和核心技术研发应用。其次是以沿海区域为主的氢能区域化生态圈正在逐步形成。沿海地区经济发展水平普遍较高，环保政策严格，工业规模大，因此氢能消费潜力巨大。此外，沿海地区较为成熟的能源贸易基础设施和海洋能源资源将进一步提升当地氢能供应水平，加速氢能生态圈的形成。最后是重点行业对绿色能源的需求日趋旺盛。交通电气化发展的趋势已不可逆转，氢燃料电池汽车实现对柴油商用车辆的替代将是大势所趋，而远洋航运和轨道运输等领域也将是氢能发力的重要方向。氢冶金技术被认为是钢铁行业实现碳中和目标最有效、最实际的手段之一，也将大幅拉动氢能需求增长。

7.1.3 国外氢能社会建设经验与启示

欧盟脱碳决心大，具有根深蒂固的环保意识，将氢能作为可持续发展的重要一环，通过立法和出台扶持政策等措施牵引氢能产业有序发展，并依托欧盟框架计划推动氢能技术革新，多维度、立体式培育氢能全产业链。美国借助强大的技术研发实力和完善的商业孵化环境，采用技术和商业"双轮驱动"的方式推动氢能产业发展，其中，掌握核心技术是该国氢能产业发展的先决条件。日本基于能源安全因素，将"氢能社会"作为国策实施，相关扶持政策导向也十分明确，以促进氢能全产业链协同发展作为目标，在顶层设计、政策法规配套、基础设施建设和核心技术布局等方面最为完善。韩国与日本类似，同样基于能源安全角度发展氢能，也提出了建设"氢能社会"的总体目标，依托汽车工业基础，重点培育氢燃料电池汽车产业，通过出台补贴政策、组成行业联盟等方式，加速氢能市场化进程，逐步形成氢经济。

总结来看，氢能产业的发展还主要集中在发达国家，这源于氢能在现阶段属于能源"奢侈品"，产业各环节的成本较高，技术发展尚不成熟。不过，发达国家发展氢能的动机也各有侧重，但基本归纳为三点：一是实现碳中和目标，推动各行业深度脱碳；二是保障国家能源安全，寻求能源多元化供给；三是支撑可再生能源发展，保障绿色能源的大规模存储。可以看出，世界各国的氢能战略均是基于氢能的绿色低碳本质，这也是氢能再次获得世界关注的主要原因。为此，各国正在大力发展可再生能源制氢产业，力争将绿氢成本降至与灰氢同等水平，一方面实现对存量灰氢的替代，另一方面拓展氢在其他领域的应用。

刺激氢能需求是现阶段培育氢能的重要任务，各国均优先推动氢能在交通领域的应用，并积极发掘发电、储能和工业等领域的用氢潜力。其中，掌握燃料电池生产应用技术是实现氢能产业可持续发展的关键一环。随着能源技术的迭代更新，氢能的应用场景也会更加丰富，从而进一步推动氢能产业的发展壮大。从各国氢能的发展节奏来看，可以大致分为三个阶段：第一阶段是到 2030 年，全球氢能产业处于引导培育期，这一阶段的主要目标是氢能核心技术研发和示范项目建设。第二阶段是 2030—2040 年，氢能产业将处于高速增长期，此时可再生能源制氢成本将大幅下降，氢能技术在第一阶段已经取得大量经验，正在加速向各行业渗透，氢能产业链加快完善，商业化水平大幅提升。第三阶段是 2040—2050 年，氢能产业体系发展成熟，产业链供应链完善，氢能技术高度发达并已广泛应用在重点行业，氢能已经成为能源体系中的重要组成部分[216]。

7.2 我国氢能发展情况

7.2.1 我国氢能战略与政策

早在"十五"期间（2001—2005 年），我国就确立了"三纵三横"的研发布局，即以混合动力汽车、纯电动汽车、氢燃料电池汽车为"三纵"，以电池、电机、电控为"三横"的研发布局，从国家层面将氢能汽车发展纳入宏观规划。随后，国家出台的氢能相关政策与规划主要聚焦汽车产业，重点聚焦燃料电池基础材料和过程机理研究、燃料电池电堆系统集成和性能优化、车载储氢系统和加注技术发展等方向，同时也开始关注燃料电池分布式发电和供热技术，逐步探索氢能在其他领域的应用。然而，国家层面一直未明确氢的能源属性，氢能在较长一段时间处于学术研究和技术探索阶段，产业发展迟缓，社会和市场的关注度一直不高。

随着《巴黎协定》的签署，我国接连制定了一系列节能减排、环境治理相关政策措施，氢能开始进入高层视野。2016 年，国家发展和改革委员会、国家能源局出台《能源技术革命创新行动计划（2016—2030 年）》，将氢能与燃料电池技术创新列为 15 项能源技术创新重点任务之一，主要攻关方向包括研究可再生能源及先进核能的制氢技术，实现大规模、低成本氢气的"制储输用"一体化，研究燃料电池分布式发电技术等。直到 2019 年，氢能被首次写入《政府工作报告》，提出要推动加氢设施建设，这标志着氢能产业已获得国家层面的认可。2020 年，国家能源局发布《中华人民共和国能源法（征求意见稿）》，拟从法律层面将氢能纳入能源范畴管理，为氢摘掉"危化品"的帽子提供法律支撑。紧接着在 2021 年发布的《中华人民共和国国民经济和社会发展第十四个五年规划和 2035 年远景目标纲要》和碳达峰碳中和"1+N"政策体系中，氢能被列为未来产业进行重点规划，相关文件还提出要统筹推进氢能"制储输用"全链条发展。

2022 年 3 月，我国首个氢能产业规划——《氢能产业发展中长期规划（2021—2035 年）》正式出台，填补了我国对于氢能产业发展在顶层设计方面的空白。这份规划明确了氢能的三大战略定位：未来国家能源体系的重要组成部分、用能终端实现绿色低碳转型的重要载体、战略性新兴产业和未来产业重点发展方向。同时，氢能规划还设立了阶段性的氢能产业发展目标：到 2025 年，基本掌握核心技术和制造工艺，燃料电池车辆保有量约 5 万辆，部署建设一批加氢站，可再生能源制氢量达到 100~200kt/a，实现二氧化碳减排 1~2Mt/a；到 2030 年，形成较为完备的氢能产业技术创新体系、清洁能源制氢及供应体系，有力支撑碳达峰目标实现；到 2035 年，形成氢能多元应用生态，可再生能源制氢在终端能源消费中的比例明显提升（见图 7-6）。

通过梳理宏观层面政策法规的脉络可以发现，我国已正式明确了氢的能源属

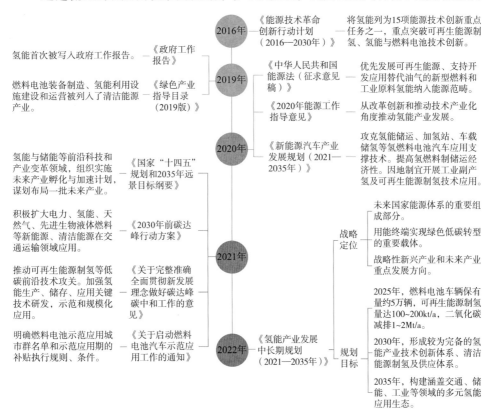

图 7-6 我国氢能战略与政策发展历程

性。这意味着，我国氢能产业发展将从燃料电池领域拓展至"制储输用"全产业链，逐步培育氢能生态。

7.2.2 地方政策与规划

在首份国家氢能产业规划出台之前，我国一些地区早已开始先行先试，重点发展燃料电池汽车领域，同时根据自身产业结构，培育具有地方特色的氢能产业。2021年，广东、上海和京津冀入围了我国首批燃料电池汽车示范城市群，区域性的氢能产业生态正在三地加速构建[214]。

1. 广东城市群

广东省是我国氢能产业的先行省，在已有珠三角汽车制造业产业集群的基础上，选择佛山市牵头广东燃料电池汽车示范城市群的建设。从全国范围看，佛山市是率先在氢能领域"吃螃蟹"的城市，相关规划和配套扶持政策的出台均领先于其他地区。佛山市在2018年就出台了全国首个针对加氢站建设运营和氢燃料电池汽车运营的地方财政补贴办法，对加氢站建设和终端售氢分别提供最高800万元/站和20元/kg的高额补贴，显著提升了当地发展氢能的积极性。随着佛山市氢能产业集群效应和生态圈建设效果的逐步显现，包括广州、云浮、东莞、茂名等周边城市也相继制定了氢能产业发展规划，广东省氢能产业发展从此进入快车道。2022年，《广东省加快建设燃料电池汽车示范城市群行动计划（2022—2025年）》提出，到2025年要实现推广1万辆以上燃料电池汽车目标，年供氢能力超过100kt，建成加氢站超200座，车用氢气终端售价降到30元/kg以下。目前，广东省围绕广州、深圳、佛山建成了燃料电池技术研发生产集群，围绕东莞、中山、云浮形成了关键材料、技术及装备研发制造基地，并圈定东莞、珠海、阳江作为氢源供应基地，逐步构建氢能全产业链和应用生态。

2. 上海城市群

2019年，长三角区域合作办公室和中国汽车工程学会联合发布了《长三角氢走廊建设发展规划》，提出以长三角城市群城际间带状及网状加氢基础设施建设为重点，将上海市打造成为"氢走廊"的核心支点，并串联苏州、南通、如皋等其他氢能先行市。此份规划还提出，将大力推进燃料电池汽车的应用发展，进一步提升氢能关键技术水平，拓宽燃料电池汽车运营范围，形成具有影响力的氢能产业集群，辐射带动山东半岛、京津冀、珠三角都市圈。

2022 年,《上海市氢能产业发展中长期规划（2022—2035 年）》正式印发,进一步凸显了氢的能源属性。除了强调掌握燃料电池全产业链关键核心技术、提出燃料电池汽车保有量和加氢站建设目标之外,还重点针对氢能供需两侧,明确了具体发展方向。在供氢"绿色化"方面,提出了提高工业副产氢利用效率和推进深远海风电制氢、生物质制氢等任务。在构建多元应用格局方面,重点任务包括加快氢能在重型车辆、船舶、航空领域的示范应用;开展氢储能、氢能热电联供等试点应用,推动新型氨氢转换、固态储氢、新型催化剂等方面的研究;推动工业领域的替代应用,开展氢冶金技术研发应用和石化化工绿氢替代等。此外,规划还提出了如"零碳氢能示范社区""横沙零碳氢能生态岛"等特色发展模式,为长三角氢经济带的形成制定了兼具前瞻性和实践性的产业发展路径。

3. 京津冀城市群

京津冀地区氢能产业发展相对于广东、上海城市群略有滞后,但得益于北京冬奥会的成功举办,氢能的热度正在该地区持续升高。自 2021 年以来,京津冀地区加快氢能产业的顶层设计,北京市、天津市和河北省政府相继发布了氢能产业发展行动方案或"十四五"专项规划。尽管起步晚,但京津冀在氢能生态构建上具有明显的后发优势。首先是氢气资源丰富。绿氢方面,张家口、承德以及太行山脉沿线地区的可再生能源资源丰富,仅张家口地区在"十四五"期间的可再生能源制氢潜力就达到了 220kt/a（按 20% 电力储能调峰制氢计算）;工业副产氢方面,仅河北一省的工业副产氢资源开发潜力就达到了约 1Mt/a,而北京燕山石化高纯度副产氢的供应能力在冬奥会中也得到了验证。其次是氢能应用范围和消纳能力突出。除了推广氢燃料电池汽车以外,京津冀地区的工业产业体系完备,钢铁、合成氨、甲醇等行业对低碳氢的需求潜力大,其中河钢集团已启动了全球首套焦炉煤气零重整直接还原氢冶金示范工程的建设。根据《北京市氢能产业发展实施方案（2021—2025 年）》的规划,到 2025 年前,京津冀区域将实现燃料电池汽车累计推广量突破 1 万辆,规划建设"氢进万家"智慧能源示范社区和绿氨、液氢、固态储供氢等应用示范项目,累计实现氢能产业链产业规模 1000 亿元以上。京津冀地区依托北京首都的区位优势,氢能产业发展的后劲十足。

7.2.3　我国氢能产业发展情况

我国的氢气产能目前约为 40Mt/a,产量在 33Mt/a 左右,占全球氢气产量比重的三分之一以上，是世界第一大的产氢国家。从制氢结构看，我国氢气主要以煤、天然气等化石能源制氢为主，产量比重约为 80%，氯碱、焦炉煤气、丙烷脱氢等工业副产氢占比约为 18%，电解水制氢的产量比重不足 1%。在储运方面，我国现阶段主要以高压气态长管拖车运输为主，技术及装备制造较为成熟；液态储运和固态储运均处于技术验证和示范阶段；管道运输仍为短板弱项，氢气专用管道里程约为 400km，在营的管道仅有 100km 左右，与欧美国家存在数量级的差距。在加注方面，我国已建成各类加氢站 200 余座，以 35MPa 气态加氢站为主，70MPa 高压气态加氢站数量少，日加注能力在 1000kg 以内，液氢加氢站、制氢加氢一体站建设和运营经验缺乏，加氢机、压缩机、高压储氢罐等核心设备依赖进口，导致建设投资成本居高不下。在应用方面，现阶段氢气主要作为工业原料在合成氨、甲醇和石化化工领域使用，用氢量比重超 90%，能源领域的氢气需求尚未得到有效激活。尽管我国燃料电池汽车销量保持稳定增长，截至 2021 年已累计销售约 9000 辆，但整体低于韩国、美国的发展速度。对比发达国家，我国氢能产业尚处于发展初期，氢能全产业链规模以上工业企业 ❶ 数量仅为 300 余家（截至 2022 年初），集中分布在广东、上海和京津冀三大区域。

从发展趋势看，受"双碳"目标驱动，我国风电、光伏等新能源装机量将大幅增加，度电成本将持续下降，为大规模发展可再生能源制氢奠定产业基础。在氢能需求方面，受各行业深度脱碳需求推动，绿氢有望实现对存量灰氢的替代，而随着 Power-to-X、氢冶金、大功率燃氢燃气轮机发电等技术的突破，氢能用量或将逐步提升。结合中国氢能联盟和 IEA 的预测数据，到 2030 年，我国氢气需求量或将达到 40Mt/a，可再生能源制氢量超过 1Mt/a，加氢站数量超过 1000 座，燃料电池汽车累计保有量将达到百万辆规模。届时，氢能在我国能源终端消费结构的比重将达到 5% 左右（包括燃料氢和原料氢）。

7.3 我国构建氢能社会的意义

近年来，受新冠疫情、乌克兰危机和地缘政治博弈等多重因素影响，石油、天然气、煤炭等传统化石能源的价格经历了多轮"过山车"行情，逆全球化浪潮也正

---

❶ 我国规模以上工业企业是指年主营业务收入在 2000 万元以上的工业企业。

加剧各国对自身能源安全的担忧。此外，还有极端气候持续席卷全球各地，高温热浪、极端寒潮、短时强降雨等异常天气发生频率正在明显上升。在多重危机交织的当下，应该如何平衡好经济发展、能源安全和绿色低碳之间的关系，已成为这个时代必须要解决的问题。发达国家率先提出了培育氢经济和建设氢能社会的发展思路，这对于我国发展氢能产业有哪些借鉴意义呢？

第一，发展氢能技术可为构建以新能源为主体的新型电力系统提供稳定运行的基础。我国在 2021 年提出了构建以新能源为主体的新型电力系统的目标任务，引导传统能源逐步退出和推动新能源安全可靠替代。虽然以光伏、风电为代表的可再生能源电力装机量屡创新高，但可再生能源与生俱来的随机性、间歇性、季节性等特点使其电源灵活性和电能质量大幅降低。在可再生能源高渗透率的新型电力系统中，保障可再生能源消纳、平抑电源出力波动、保障电网稳定运行是必须要解决的问题，氢能技术则可以担此重任。在用电低谷期，通过电解水制氢技术可将可再生电力转化为氢进行存储；在用电高峰期，可利用燃料电池或纯氢／掺氢燃气轮机将氢转化为电能回输至电网，从而降低可再生能源的弃置率。不仅如此，氢能技术还可以参与调频、备用、黑启动等电力辅助服务，提高电网的稳定性和安全性。由于氢在存放期间损耗较小，储氢技术可以实现可再生能源的长时间、跨区域的运输和存储，有效解决现有储能技术容量受限、成本高、难转移等难题。因此，发展氢能将为我国构建新型电力系统提供重要的支撑。

第二，培育氢能产业可以帮助我国改善能源结构，提升能源安全水平。随着"双碳"目标的提出，我国面临能源结构调整和产业转型的重大机遇。尽管我国能源自主供给能力正在不断加强，但石油和天然气的对外依存度依然居高不下。2022年，我国石油和天然气进口量占消费总量的比重分别达到 71.2% 和 40.5%，能源安全形势较为严峻 [217]。根据统计，全国石油消费主要靠交通和工业两大行业拉动，其中有超过一半的石油用于交通运输领域；天然气消费结构中，城市燃气和发电用气的比重达到了 50%[218]。在这些领域中，氢能技术已基本具备了替代传统技术的能力，从而可帮助我国降低对石油和天然气的消费需求。比如在交通领域，氢燃料电池汽车具有加注时间短、续航里程长、耐低温等优势，可在商用车、物流车、轨道交通和远洋航运等长距离交通运输场景中发挥作用，实现对汽油、柴油，燃料油等传统燃料的替代。固定式燃料电池热电联供技术和掺氢／纯氢燃气轮机发电技术，同样能够替代天然气在建筑供暖和发电领域的角色，从而减少天然气的消费。因此，培育氢能产业，将有助于我国调整能源消费结构，降低对石油和天然气的依赖程度，提升我国能源自主保障能力。

第三，培育氢经济可以作为我国构建绿色低碳循环发展经济体系的重要方式。在国内经济和能源需求持续增长的趋势下，我国温室气体排放量持续升高，而随之而来的气候变化影响正在日益加剧，面临的国际社会压力也与日俱增。传统"高排放、高能耗"的经济发展模式亟须改变。氢能作为一种新型能源，可与电力系统形成有效互补，帮助难以实现电气化的高排放行业实现深度脱碳，使传统行业能够重新焕发生机。在发挥深度脱碳作用的同时，氢能还可以通过 Power-to-X 技术，将二氧化碳进行资源化利用，生产出具有较高附加值的甲醇、轻烃燃料、碳基新材料等重要化工产品，从而进一步减少对传统化石能源的依赖，促进循环经济的发展。

当然，我国构建氢能社会的意义还不止这些，随着氢能技术的革新和成本的降低，氢在交通领域、建筑供能、钢铁冶炼、火力发电等诸多领域都将发挥巨大的作用，而我们日常生产生活当中的"氢元素"也会逐渐增多，绿色将成为我国经济社会发展最亮丽的底色。

7.4 我国建设氢能社会面临的挑战

由于我国所处的社会发展阶段与发达国家不同，在经济发达程度、法律法规建设、基础设施普及、文化教育水平和科技创新能力等方面还存在差距，这意味着我国构建氢能社会将遇到许多挑战。

7.4.1 顶层设计和配套措施有待完善

2022 年，国家正式发布了《氢能产业发展中长期规划（2021—2035 年）》，明确了氢能是我国未来能源体系重要组成部分的战略定位，并从国家层面对氢能产业发展分阶段进行了设计和规划。然而，相比于发达国家出台的氢能战略文件，我国的氢能顶层设计的"颗粒度"稍显不足，尚未制定实操性强、任务详尽、指标清晰的氢能发展路线图，在法律框架、扶持政策、市场机制、技术标准、区域规划等方面还需做进一步谋划。

从全国范围看，我国氢能相关的政策措施还主要集中在交通领域，如燃料电池汽车销售以及加氢站的建设等。关于氢能产业链的其他环节的扶持力度依然不足，

碳中和与氢能社会

相应的补贴政策亟须出台，包括可再生能源发电制氢支持性电价政策、绿氢市场化交易机制、氢储能的价格机制、氢冶金和燃料电池分布式项目补贴补偿机制等。在氢能产业链不完善、经济性不强的现实情况下，政府的牵引作用十分重要，完善的顶层设计和配套政策措施将为氢能产业发展注入"强心剂"，更好地引导社会资本和创新资源进入氢能领域。

7.4.2　安全规范和行业标准发展滞后

尽管氢能热潮已经来临，各级政府及社会公众对氢的认知依旧存在较大分歧。氢的能源属性虽获国家认可，但各地依然以危化品类别对其进行管理，导致氢在"制储运输用"各环节面临严格监管，在一定程度上限制了氢能在民用领域的发展。以工业副产氢的发展为例。焦化、氯碱等工厂在建设之初因副产氢纯度低、技改成本高等因素，一般选择将副产氢稀释后排空或燃烧处置，并未给氢气提纯装置和储氢设施预留场地。而随着氢能的兴起，这些具备副产氢生产能力的工厂却因厂址面积有限以及安全风险评估无法满足危化品生产规范，导致氢气产能无法有效释放。我国加氢站建设也面临发展困境。虽然我国已出台加氢站技术规范，且各地也制定了加氢站／油气电氢合建站的建设标准，但在加氢站的实际建设过程中，依然存在安全评价、环境评价、风险评价及消防审核等规范标准不统一或者缺失的情况。此外，有关合建站规模和标准、站内设施的安全间距、与站外建筑的间距等还缺乏科学的研究论证，这使得一些先行先试的加氢站大多选址在城市郊区的偏远地带，难以实现盈利。这种标准规范不完善甚至缺失的情况还出现在天然气管道掺氢、纯氢管道、高压储氢容器设计和建造等领域。因此，我国政府部门和行业协会需要加快制定符合我国国情的氢能安全管理办法和技术标准，在保障用氢安全的前提下，引导氢能产业健康有序发展。

7.4.3　关键技术和核心设备研发不足

氢能属于新兴产业，产业链尚不完善，科技创新活力强劲，是典型的知识密集型、技术密集型和人才密集型行业。虽然我国氢能产业已形成了一定的规模，但企业在技术研发投入、专利布局方面与发达国家还存在较大差距，真正掌握行业领先的关键技术和装备生产能力的企业数量较少。通过全球氢能技术专利的分布，我们可以一窥各国在氢能技术方面的竞争态势。根据 IRENA 统计 [145]，2010—2020 年，氢能技术最活跃的板块集中在燃料电池领域，专利数量占比高达41%；制氢和储氢板块的技术创新也十分活跃，专利量比重分别达到36%和21%；输氢技术的专利比重相对较小，这主要源于氢能终端需求尚未出现明显增长，传统输氢技术即可满足消费需求。分区域看，日本和欧洲呈现"双足鼎立"的竞争态势，专利数量遥遥领先其他地区，研发领域覆盖氢能"制储输用"全产业链。美国和韩国在氢能技术创新上各有侧重，前者注重输氢技术，而后者则聚焦燃料电池领域。对比来看，我国的氢能技术专利虽已覆盖了"制储输用"各环节，但从专利数量来看，明显落后于以上国家，氢能核心技术的竞争能力比较薄弱（见图7-7）。

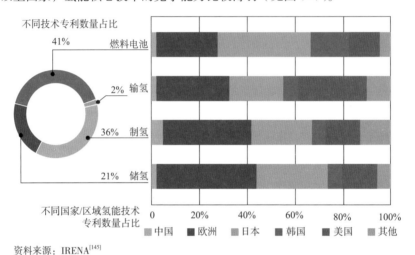

资料来源：IRENA[145]

图7-7　2010—2020年全球氢能相关技术专利分布情况

具体来看，我国氢能行业国产化设备的各项性能指标与国际先进水平还存在明显差距。以燃料电池为例，在电堆寿命方面，国产燃料电池寿命一般在3000h左右，而丰田Mirai、现代Nexo等日韩量产车的燃料电池电堆寿命普遍已经达到5000h以上，运行里程接近16×10^4km。在功率密度方面，日韩企业商用燃料电池电堆的体积功率密度均已达到3.0kW/L以上，而我国的同类商业化量产电堆刚达到2.0kW/L水平。造成核心装备性能差距的原因一方面是设计理念和基础研究的落后，另一方面是关键零部件和材料受制于人。就电堆核心部件膜电极来说，质子交换膜、碳纸、铂催化剂等核心材料基本都被日本、美国和加拿大等国的公司垄断。在储氢方面，用于制造车载70MPa储氢瓶（IV型）的碳纤维材料，其生产制造技术和原材料供应还主要依赖日本东丽、韩国晓星等企业，国产碳纤维在生产能力、产品稳定性和缠绕工艺性等方面尚未取得实质性突破。另外还有质子交换膜电

碳中和与氢能社会

解槽、加氢机、氢气压缩机等关键设备均还未完全实现国产化替代。

7.4.4 清洁氢的生产及供应成本高昂

我国氢气产能位居全球首位，氢气产量比重超过全球的三分之一。然而，我国的氢气生产方式碳排放强度高，约 60% 的氢气来自煤气化制氢技术，剩余部分为工业副产氢和天然气制氢，而电解水制氢尚未形成产业规模[172]。未来，氢能社会的建设将主要依靠绿氢和蓝氢产业支撑，这意味着我国传统制氢结构需要进行大规模调整，灰氢产能将逐步淘汰，取而代之的将是清洁制氢技术。由于我国的天然气资源相对贫乏，煤制氢结合 CCUS 的生产成本高昂且降幅空间有限，可再生能源制氢将成为我国制氢的主力。我们在第五章中对可再生能源制氢技术的生产成本进行了评估，短期内，电解水制氢技术尚无法与煤气化制氢（6.7~12.1 元 /kg）和天然气制氢（7.5~17.5 元 /kg）进行市场化竞争。

除了生产成本不具优势之外，可再生能源制氢的区位优势也不明显。目前，我国绝大多数可再生能源项目地处偏远地区，如甘肃、宁夏、青海等地，而氢气消费中心又大多濒临沿海，这使得绿氢产业存在区域性供需矛盾，尽管海上风电制氢技术可以在一定程度上缓解以上问题，但依旧存在成本高昂的现实困境，削减了绿氢的市场竞争力。因此，国家和地方层面还需通过财政补贴和税收优惠政策，支持可再生能源制氢相关技术创新以及大规模氢气储运技术的突破，探索建立绿氢交易市场和清洁氢认证标准，将清洁氢的"绿色溢价"与碳市场价格联动，逐步提高清洁氢的市场接受度。

7.4.5 有关氢能的利用效率尚存争议

氢作为二次能源需要通过化石能源和可再生能源电力进行转化，能源效率不佳一直是氢能广受争议的主因之一。结合当前技术情况看，氢在制取和使用方面的确存在综合效率偏低的问题，这一点可以通过对比氢燃料电池汽车和纯电动汽车的综合用能效率❶来说明。现阶段的电解水制氢和燃料电池的效率一般在 60% 左右，假设输氢环节有 5% 的损耗，1 度（kWh）电在经历 1 次"电—氢—电"的过程中，仅剩约 0.3 度电可用于汽车电机的运转，这意味着有 2/3 的氢能在"制储输

---

❶ 此处不考虑汽车的机械传动、摩擦等其他损耗。

用"环节被损耗了。同时，我们可将其与纯电动汽车进行对比。假设输配电线路的损耗同样为5%，锂离子电池完成1次充电/放电循环的能量效率为90%，通过简单计算可以发现，1度电经过输配并充至纯电动汽车后，能有0.86度电可为汽车电机供能，其综合用能效率高达86%！可见，采用"电—氢—电"技术路径的氢燃料电池汽车无论是在当下还是在可预见的未来，其综合用能效率都难以与纯电动汽车匹敌。同样，在储能领域，氢储能技术若采用"电—氢—电"的路径，其往返效率❶也不如电化学储能（>85%）和抽水蓄能技术（~75%），甚至低于压缩空气储能（50%~65%）。不过，电解水制氢和燃料电池技术的理论效率上限高，最高可达80%。在技术不断进步的前提下，"电—氢—电"的储能往返效率可升至50%以上，但依然难以超越电化学储能和抽水蓄能技术。

但必须指出的是，效率虽然是衡量能源优劣的一项重要指标，但也非唯一标准。比如，我们日常乘坐的汽油车，其发动机的热效率一般在25%~35%，天然气发电厂中燃气轮机的单机发电效率（简单循环模式）也大致在同一水平，即使综合用能效率不高，但这并不妨碍石油和天然气在生产生活中的应用。来源广泛、简单易用、场景多元也是体现能源竞争能力的重要标准。氢能亦如此。它除了可以向电力转化以外，还可作为燃料和原料被直接使用，兼具物质和能量属性，这些独有特点将使氢能成为碳中和愿景下非常有竞争力的能源品种。

7.5 总结与展望

在全球迈向碳中和的时代背景下，氢能作为碳中和技术版图中不可或缺的一项，其重要角色已获得了国际社会的广泛认可。一股氢能发展的热潮正在全球兴起，构建氢能社会的呼声日益高涨，这项工程对于人类实现碳中和的意义十分重大，其作用可以总结为："增绿""脱碳"和"循环"。

"增绿"体现的是氢的能量载体作用。2021年，可再生能源发电量占全球发电总量的比重已经接近30%，其中风电、光伏已成为全球电力装机量和发电量增长的绝对主力[79]。然而，风电、光伏与生俱来的季节性、间歇性和波动性特征，已在一定程度上成为掣肘其深度开发的"绊脚石"。尽管抽水蓄能、电化学储能等储能技

---

❶ 往返效率（round trip efficiency）是衡量储能系统能量转换效率的指标，表示为完成1次完整充放电过程中，储能系统放电能量与充电能量之比。

术可以在一定程度上弥补这些"天生缺陷"，但尚无法满足可再生能源长时间、跨区域、大规模的储能需求，而氢能恰好可以承担此项任务。除了在电力系统体现储能作用以外，氢能还可以拓宽可再生能源的用能形式，使其既能以电力形式被广泛利用，也可以转化为氢燃料在非电利用场景下使用。另外，氢还可以拓展可再生能源的外输途径，为其规模化外输提供新选择。由于可再生能源资源丰富的地区大多位于偏远的山区、戈壁、荒漠等地带，对外供能基本只能依靠高压输电线路。而氢能技术则可以让可再生能源摆脱电力基础设施的束缚，通过转为氢能形式，利用管道、公路、水路等多种途径实现对外输送，使深度开发可再生能源资源成为可能。

"脱碳"体现的是氢的深度减碳作用。长期以来，氢气主要依靠化石能源制氢获取，碳排放强度极高，难以真正发挥脱碳功效。随着绿氢和蓝氢产业的逐步成熟，氢能绿色低碳的本质特征得以还原，也使其摘掉了高碳排的"帽子"，得以"轻装上阵"。在摆脱"碳包袱"的束缚后，氢能的深度脱碳作用将逐步体现。首先是对传统氢产业的脱碳，绿氢、蓝氢等清洁氢将逐步替代灰氢，使得氢的生产结构从高碳向低碳、零碳进行转变。其次是对化石能源的替代，氢能技术进步将推动氢能在炼钢、交通、建筑、发电等领域的应用，特别是在难以实现电气化的场景中对化石能源进行替代。随着氢能在能源消费结构中的渗透率不断提升，能源消费结构中的含碳量将进一步降低，深度脱碳的功能得以显现。

"循环"体现的是氢的物质枢纽作用。氢作为宇宙中含量最丰富的元素，主要以化合物的形式广泛存在于水、动植物有机体和化石燃料中，我们日常使用的化工产品如橡胶、化纤、塑料等也都包含大量的氢元素。氢在合成氨、甲醇和炼油领域已充分体现了其作为工业原料的价值。在碳中和愿景下，它在碳循环中的枢纽作用也正在凸显。正如第四章所述，Power-to-X 技术可将可再生能源发电、电解水制氢、CCUS、绿色化工技术进行有机结合，为生产现代化工产品提供绿色循环的发展路径。这项技术首先是实现了氢的绿色供应，利用可再生能源制氢技术替代了传统灰氢生产工艺。其次是实现碳的捕集回收，通过碳捕集技术或直接空气捕集技术，将工业领域或空气中的二氧化碳气体进行移除并集中回收。最后是实现碳的循环利用，将氢与二氧化碳作为原料，依托萨巴蒂尔反应、逆水煤气变换反应等一系列化工技术，生产甲烷、甲醇、液态烃类燃料、碳基新材料等高附加值化工产品，从而实现对二氧化碳的循环利用。这项工程的意义非同小可，这相当于给自然界的碳循环装上了一个"控制阀"，人类通过技术手段将实现梦寐以求的"人工光合作用"，从而降低对生物光合作用的依赖。

必须强调的是，构建氢能社会的最终目的并不是让氢能彻底取代其他能源，形成"一氢独大"的能源结构。相反，实施这项工程是为了发挥氢的能源枢纽作用，使电能、热能和燃料等异质能源之间实现互联互通，构建起氢能、可再生能源、化石能源等多种能源互补共济的新型能源体系。我们可以从图 7-8 中一窥未来氢能社会的框架体系。在未来的氢能社会中，电力在终端能源消费的占比将超过 50%，可再生能源成为电力系统的主体。在此基础上，相当一部分的可再生能源将通过电解水制氢技术转化为绿氢，这将是氢的主要来源。此时，氢能作为可再生能源的重要延伸，将以物质燃料的形式被输送到各行各业，促进全社会实现碳中和的愿景目标。

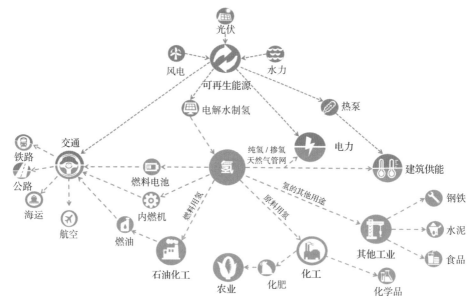

图 7-8　氢能社会体系

我们不妨展望一下我国氢能的发展图景。在构建氢能社会的过程中，沿海发达地区将率先成为氢能产业的聚集地，氢能城市群将逐步形成。这些地区的氢能供应将主要来自周边陆上可再生能源和海洋可再生能源制氢（海上风电、海洋能等）、天然气 +CCS 制氢以及国际国内氢贸易。一些具有条件的区域，将会建设大规模盐穴储氢或者储氢罐设施，并搭配专用输氢管线或升级现有天然气管网以实现大规模输氢。海洋氢能生态圈的形成还将进一步促进周边可再生能源、天然气和 CCUS 等绿色低碳产业的深度开发，促进区域循环经济的发展。结合我国的国情，氢能产业将率先向创新活力强劲、工业基础雄厚、市场要素齐全、经济水平较高的区域聚拢，产业集群效应将越发明显。这意味着，我国将以广东、上海和京津冀三个燃料电池汽车示范应用城市群为基础，形成"三足鼎立"的氢能发展格局，并逐步向内陆辐射。通过国家层面推动"海氢陆送"和"西氢东送"工程的实施，我国氢能基础设施将逐步完善，氢源和市场区域错配的矛盾将得以解决，各地将通过氢能走完碳中和的"最后一公里"，氢能社会构想将从理想最终变为现实。

在本书的最后，我们必须承认，氢能同其他能源一样，它本身也存在缺点和不足，此书也毫不避讳地指出了它的局限性。我们相信，未来一定还会涌现出更多具有创新性和革命性的理论和技术，它们将与氢能一道帮助人类早日实现碳中和的美好愿景。

结　语

此书构思于 2021 年 9 月，正值我国提出"双碳"目标一周年之际。尽管当时国家层面尚未出台氢能产业发展规划，但学术界、产业界、金融界等对于氢能的讨论已经逐渐升温，笔者遂决定以氢能的视角来研究全球碳中和发展趋势及能源绿色低碳转型方向。

笔者由衷地感谢中国海油集团能源经济研究院的孙颖同志在资源协调、产业调研等方面的重要指导和帮助。感谢魏华同志对本书的立意、架构和内容等所提的宝贵意见。欧阳琰参与了氢能相关部分内容的编写，庄妍贡献了制氢技术经济性分析和储运技术的研究工作，冯丽燕对本书的图表进行了修订和制作并参与了国内外氢能政策的梳理及总结，王文怡和李伟对气候变化与碳中和相关内容进行了补充修订，刘斐齐参与了 Power-to-X 相关内容的撰写并制作了图表，何曦参与了氢能贸易的研究工作，笔者在此一并表示感谢。

笔者还要特别感谢中国海油集团能源经济研究院的杨生斌同志对本书出版给予的全程支持，感谢侯凯锋、孙洋洲、潘继平、马杰等同志对本书提供的宝贵意见。感谢中海石油气电集团有限责任公司氢能与天然气利用研究所的王秀林博士、侯建国博士及隋依言对本书氢能相关内容给予的专业指导，以及中海油融风能源有限公司在本书前期研究过程中给予的大力支持和帮助。

笔者还要特别感谢林伟、荣俊峰两位专家对本书的框架和内容提出的专业建议，感谢中国石化出版社田曦、韩勇同志及中国经济出版社的相关编辑老师对本书在审稿、排版、设计、出版等方面给予的指导和帮助。鉴于本书的内容覆盖面较广，笔者所掌握的相关专业知识有限，难免有所疏漏，书中不足之处，恳请读者批评指正。

[1] British Geological Survey. The greenhouse effect[EB/OL]. [2021-12-03]. https://www.bgs.ac.uk/discovering-geology/climate-change/how-does-the-greenhouse-effect-work/.

[2] United States Environmental Protection Agency. Basic ozone layer science[EB/OL]. (2021-10-07)[2021-12-10]. https://www.epa.gov/ozone-layer-protection/basic-ozone-layer-science.

[3] Intergovernmental Panel on Climate Change. Climate change 2021: the physical science basis. Contribution of working group I to the sixth assessment report of the intergovernmental panel on climate change [R]. Cambridge and New York: IPCC, 2021.

[4] Intergovernmental Panel on Climate Change. Climate change 2007: synthesis report. Contribution of working groups I, II and III to the fourth assessment report of the intergovernmental panel on climate change [R]. Geneva: IPCC, 2007.

[5] CRIPPA M, GUIZZARDI D, SOLAZZO E, et al. GHG emissions of all world countries - 2021 Report [R]. Luxembourg: Publications Office of the European Union, 2021.

[6] 中电联统计与数据中心 . 2020-2021 年度全国电力供需形势分析预测报告 [EB/OL]. (2021-02-06)[2022-3-9]. https://cec.org.cn/detail/index.html?3-293398.

[7] Climatic Research Unit (University of East Anglia), Met Office. Temperature [EB/OL]. [2021-12-13]. https://crudata.uea.ac.uk/cru/data/temperature/.

[8] 中国气象局气候变化中心 . 中国气候变化蓝皮书 (2021)[M]. 北京 : 科学出版社，2021.

[9] NASA. Global climate: change vital signs of the planet 2021[EB/OL]. [2021-12-17]. https://climate.nasa.gov/.

[10] ROBINE J, CHEUNG S L K, ROY S L, et al. Death toll exceeded 70,000 in Europe during the summer of 2003[J]. Competes Rendus Biologies, 2008, 331:171–178.

[11] CIAIS P, REICHSTEIN M, VIOVY N, et al. Europe-wide reduction in primary productivity caused by the heat and drought in 2003[J]. Nature, 2005, 437:529–533.

[12] WANG J, YAN Z. Rapid rises in the magnitude and risk of extreme regional heat wave events in China[J]. Weather and Climate Extremes, 2021, 34:100379.

[13] DYRRDAL A V, OLSSON J, MÉDUS E, et al. Observed changes in heavy daily precipitation over the Nordic-Baltic region[J]. Journal of Hydrology-Regional Studies, 2021, 38:100965.

[14] ZEDER J, FISCHER E M. Observed extreme precipitation trends and scaling in Central Europe[J]. Weather and Climate Extremes, 2020, 29:100266.

[15] 联合国 . 联合国气候变化框架公约 [EB/OL]. [2021–12–23]. https://unfccc.int/sites/default/files/convchin.pdf.

[16] UNFCCC. What is the Kyoto Protocol?[EB/OL]. [2021-12-23]. https://unfccc.int/kyoto_protocol.

[17] UNFCCC. Kyoto Protocol - Targets for the first commitment period[EB/OL]. [2021-12-23]. https://unfccc.int/process-and-meetings/the-kyoto-protocol/what-is-the-kyoto-protocol/kyoto-protocol-targets-for-the-first-commitment-period.

[18] UNFCCC. Paris Agreement[EB/OL]. [2021-12-01]. https://unfccc.int/sites/default/files/english_paris_agreement.pdf.

[19] OECD. Climate finance provided and mobilised by developed countries: Aggregate trends updated with 2019 data, climate finance and the USD 100 billion goal [R]. Paris: OECD Publishing, 2021.

[20] European Commission. 2050 long-term strategy[EB/OL]. [2022-01-17]. https://ec.europa.eu/clima/eu-action/climate-strategies-targets/2050-long-term-strategy_en.

[21] 仲平 .《巴黎协定》后美国应对气候变化的总体部署及中美气候合作展望 [J]. 全球科技经济瞭望, 2016, 8: 61–66.

[22] 仲平，李昕 . 美国应对气候变化的科技政策、计划与投入 [J]. 全球科技经济瞭望, 2016, 4: 42–50.

[23] 陈喆. 日本制定四大战略计划应对气候变化 [J]. 全球科技经济瞭望，2016，5：11–17.

[24] 中华人民共和国国务院新闻办公室. 中国应对气候变化的政策与行动 [EB/OL]. (2021-10-27)[2022-01-18]. http://www.gov.cn/xinwen/2021-10/27/content_5646697.htm.

[25] SU Y, DAI H, KUANG L, et al. Contemplation on China's energy-development strategies and initiatives in the context of its carbon neutrality goal[J]. Engineering 2021,7(12):1684–1687.

[26] 中国工程院.《我国碳达峰碳中和战略及路径》报告发布 [EB/OL]. (2022–04–01)[2022-07-01]. http://iigf.cufe.edu.cn/info/1019/5033.htm.

[27] 波士顿咨询公司. 中国气候路径报告 [EB/OL]. [2022–07–01]. https://web-assets.bcg.com/89/47/6543977846e090f161c79d6b2f32/bcg-climate-plan-for-china.pdf.

[28] International Energy Agency. An energy sector roadmap to carbon neutrality in China [R]. Paris: IEA, 2022.

[29] International Energy Agency. Net Zero by 2050 - A Roadmap for the Global Energy Sector[R]. Paris: IEA, 2021.

[30] British Petroleum. Energy Outlook 2022 edition[R]. London: BP, 2022.

[31] 任世华，谢亚辰，焦小淼，谢和平. 煤炭开发过程碳排放特征及碳中和发展的技术途径 [J]. 工程科学与技术，2022，54(1)：60–68.

[32] I 张岑，李伟. 欧美甲烷减排战略与油气行业减排行动分析 [J]. 国际石油经济，2021，29[12]：16–23.

[33] 李政，孙铄，董文娟等. 能源行业甲烷排放科学测量与减排技术 [EB/OL]. (2020–10–05)[2022–07–28]. http://iccsd.tsinghua.edu.cn/news/news-295.html.

[34] 仲冰，张博，唐旭等. 碳中和目标下我国天然气行业甲烷排放控制及相关科学问题 [J]. 中国矿业，2021，30(4)：1–9.

[35] 蔡博峰，李琦，林千果，马劲风等. 中国二氧化碳捕集、利用与封存 (CCUS) 报告 (2019)[R]. 生态环境部环境规划院气候变化与环境政策研究中心，2020.

[36] 徐海丰."净零"排放目标下国外炼油和化工公司低碳发展策略分析 [J]. 国际石油经济，2021，29（12）：61–68.

[37] International Renewable Energy Agency. Renewable power generation costs in 2020[R]. Abu Dhabi: IRENA, 2020.

[38] IRENA. Renewable energy technologies[EB/OL]. [2022-04-27]. https://www.irena.org/Statistics/View-Data-by-Topic/Capacity-and-Generation/Technologies.

[39] World Energy Council. World energy trilemma index[EB/OL]. [2022-04-26]. https://www.worldenergy.org/transition-toolkit/world-energy-trilemma-index.

[40] International Energy Agency. World final consumption (2020) [EB/OL]. [2022-04-28]. https://www.iea.org/sankey/#?c=World&s=Final%20consumption.

[41] International Energy Agency. Cement[R]. Paris: IEA, 2021.

[42] 华强森，许浩，汪小帆等."中国加速迈向碳中和"水泥篇：水泥行业碳减排路径 [EB/OL]. [2022–04–29]. https://www.mckinsey.com.cn/%E4%B8%AD%E5%9B%BD%E5%8A%A0%E9%80%9F%E8%BF%88%E5%90%91%E7%A2%B3%E4%B8%AD%E5%92%8C%E6%B0%B4%E6%B3%A5%E7%AF%87%EF%BC%9A%E6%B0%B4%E6%B3%A5%E8%A1%8C%E4%B8%9A%E7%A2%B3%E5%87%8F%E6%8E%92/.

[43] 安永碳中和课题组. 一本书读懂碳中和 [M]. 北京：机械工业出版社，2021.

[44] 中国石化石油化工科学研究院，德勤. 迈向 2060 碳中和：石化行业低碳发展白皮书 [R]. 德勤中国，2022.

[45] IEA. Tracking transport 2021[EB/OL]. [2022-04-30]. https://www.iea.org/reports/tracking-transport-2021.

[46] 博鳌亚洲论坛. 可持续发展的亚洲与世界 2022 年度报告：绿色转型亚洲在行动 [M]. 北京：对外经济贸易大学出版社，2022.

[47] Lloyd's Register, University Marine Advisory Services. Zero-emission vessels : transition pathways[R]. London: LR, 2019.

[48] International Energy Agency. Aviation[R]. Paris: IEA, 2021.

[49] International Energy Agency. Digitalization & energy[R]. Paris: IEA, 2017.

[50] JONES N. The information factories[J]. Nature, 2018, 561:163–166.

[51] Apple. Environmental progress report 2020[R]. California: Apple. 2021.

[52] Microsoft. Made to measure: Sustainability commitment progress

and updates 2021[EB/OL]. [2021-12-31]. https://blogs.microsoft.com/ blog/2021/07/14/made-to-measure-sustainability-commitment-progress- and-updates/.

[53] 路孚特. 2021 年碳市场回顾 (中文版)[R]. 路孚特，2022.

[54] International Renewable Energy Agency. World energy transitions outlook: 1.5℃ Pathway[R]. Abu Dhabi: IRENA, 2021.

[55] International Energy Agency. Energy efficiency 2021[R]. Paris: IEA, 2021.

[56] IEA. Total energy supply per unit of GDP for selected countries and regions, 2000-2020[EB/OL]. (2022-10-26)[2022-11-02]. https://www.iea.org/data-and- statistics/charts/total-energy-supply-per-unit-of-gdp-for-selected-countries- and-regions-2000-2020.

[57] VIGNA M D, STAVRINOU Z, JI C, et al. Carbonomics-China Net Zero: The clean tech revolution[R]. Goldman Sachs, 2021.

[58] International Energy Agency. Iron and steel technology roadmap: towards more sustainable steelmaking[R]. Paris: IEA, 2020.

[59] International Energy Agency. Chemicals[R]. Paris: IEA, 2021.

[60] International Council on Clean Transportation. Lightweighting technology developments[J]. ICCT Technical Brief, 2017, 6:1-8.

[61] YANG Z. Fuel-efficiency technology trend assessment for LDVs in China: Advanced engine technology[J]. ICCT Working Paper, 2018, 6:1-8.

[62] Thyssenkrupp Materials (UK). The Density of Aluminium and its Alloys[EB/ OL]. [2022-05-05]. https://www.thyssenkrupp-materials.co.uk/density-of- aluminium.html.

[63] TISZA M, LUKÁCS Z. High strength aluminum alloys in car manufacturing[C]// IOP Conference Series: Materials Science and Engineering. IOP Publishing, 2018(418): 012033.

[64] WANG H, LUTSEY N. Long-term potential for increased shipping efficiency through the adoption of industry-leading practices[R]. ICCT, 2013.

[65] International Renewable Energy Agency. A pathway to decarbonise the shipping sector by 2050[R]. Abu Dhabi: IRENA, 2021.

[66] KHARINA A. Maximizing aircraft fuel efficiency: Designing from scratch[EB/

OL]. (2017-06-14)[2022-05-05]. https://theicct.org/maximizing-aircraft-fuel-efficiency-designing-from-scratch/.

[67] 倪龙，赵恒谊，董世豪等 . 中国节能协会热泵专业委员会 . 热泵助力碳中和白皮书 (2021)[R]. 中国节能协会热泵专业委员会，2021.

[68] SORENSEN A C, CLAUD E, SORESSI M. Neandertal fire-making technology inferred from microwear analysis[J]. Scientific Reports, 2018, 8: 10065.

[69] MUNOZ-HERNANDEZ G A, MANSOOR S P, JONES D I. Modelling and controlling hydropower plants[M]. London: Springer, 2013.

[70] International Hydropower Association. A brief history of hydropower[EB/OL]. [2022-01-06]. https://www.hydropower.org/iha/discover-history-of-hydropower.

[71] International Hydropower Association. 2021 Hydropower status report: Sector trends and insights[R]. London: IHA, 2021.

[72] 易颖琦，陆敬严 . 中国古代立轴式大风车的考证复原 [J]. 农业考古，1992，3: 157–162.

[73] U. S. Energy Information Administration. History of wind power[EB/OL]. (2022-03-30)[2022-07-21]. https://www.eia.gov/energyexplained/wind/history-of-wind-power.php.

[74] WikiMili. History of wind power[EB/OL]. [2022-01-10]. https://wikimili.com/en/History_of_wind_power.

[75] MORTENSEN H B. The valuation history of Danish wind power: the ongoing struggle of a challenger technology to prove its worth to society[D]. Aalborg: Aalborg University, 2018.

[76] International Renewable Energy Agency. Renewable capacity statistics 2019[R]. Abu Dhabi: IRENA, 2019.

[77] IRENA. Trends in renewable energy: statistics time series[EB/OL]. (2022-07-20)[2022-08-11]. https://www.irena.org/Statistics/View-Data-by-Topic/Capacity-and-Generation/Statistics-Time-Series.

[78] IEA. Data & statistics: wind electricity generation[EB/OL]. [2022-01-11]. https://www.iea.org/data-and-statistics/data-browser/?country=WORLD&fuel=Renewables and waste&indicator=WindGen.

[79] International Energy Agency. Global energy review 2021[R]. Paris: IEA, 2021.

[80] BALDOCCHI D. Solar radiation, part 1, principles 2014[EB/OL]. (2014-09-12)[2022-05-23]. https://nature.berkeley.edu/biometlab/espm129/notes/Lecture_5_Solar_Radiation_Part_1_Principles_Notes_2014 .pdf.

[81] SolarEnergy. Solar energy - Ancient history of solar[EB/OL]. [2022-01-11]. http://solarenergy.org.uk/ancient-history-of-solar.

[82] RAGHEB M. Solar thermal power and energy storage historical perspective[EB/OL].(2014-10-09) [2022-08-01]. https://www.solarthermalworld.org/sites/default/files/story/2015-04-18/solar_thermal_power_and_energy_storage_historical_perspective.pdf.

[83] Bloomberg New Energy Finance. Solar thermal market outlook 2019[R]. BNEF, 2019.

[84] Physics Today. Edmond becquerel[EB/OL]. (2016-03-24)[2022-09-21]. https://physicstoday.scitation.org/do/10.1063/PT.5.031182/full/.

[85] FRAAS L M. Chapter 1: History of solar cell development[M]// FRAAS L M. low-cost solar electric power. Switzerland: Springer International Publishing, 2014.

[86] Einstein A. Über einen die Erzeugung und Verwandlung des Lichtes betreffenden heuristischen Gesichtspunkt[J]. Annalen der Physik. 1905, 322(6):132–148.

[87] ZHANG T, YANG H. Chapter 7 - High efficiency plants and building integrated renewable energy systems[M]//Asdrubali F, Desideri U. Handbook of energy efficiency in buildings: A life cycle approach. Academic Press, 2019.

[88] NASA. Vanguard Satellite, 1958[EB/OL]. (2015-03-18)[2022-01-23]. https://www.nasa.gov/content/vanguard-satellite-1958/.

[89] NASA Technical Reports Server. Advanced photovoltaic power systems using tandem GaAs/GaSb concentrator modules[EB/OL]. (2013-09-06)[2022-01-23]. https://ntrs.nasa.gov/citations/19930018773.

[90] Nokia Bell Labs. Telstar, is it a plane, a bird, a satellite or a soccer ball?[EB/OL]. (2018-07-13)[2022-03-10]. https://www.bell-labs.com/institute/blog/

telstar-it-plane-bird-satellite-or-soccer-ball/.

[91] KREWITT W, NITSCH J. The German renewable energy sources act- an investment into the future pays off already today[J]. Renewable Energy, 2003, 28(4): 533–542.

[92] IRENA. Solar energy[EB/OL]. [2022-01-26]. https://irena.org/solar.

[93] 国家能源局. 国新办举行中国可再生能源发展有关情况发布会 [EB/OL]. (2021-03-30)[2022-01-26]. http://www.nea.gov.cn/2021-03/30/c_139846095.htm.

[94] IRENA. Solar costs[EB/OL]. [2022-01-26]. https://irena.org/Statistics/View-Data-by-Topic/Costs/Solar-Costs.

[95] PV Magazine. Saudi Arabia's second PV tender draws world record low bid of $0.0104/kWh[EB/OL]. (2021-04-08)[2022-01-26]. https://www.pv-magazine.com/2021/04/08/saudi-arabias-second-pv-tender-draws-world-record-low-bid-of-0104-kwh/.

[96] 马隆龙，唐志华，汪丛伟，等. 生物质能研究现状及未来发展策略 [J]. 可再生能源规模利用，2019，34(4)：434–442.

[97] GOWLETT J A J. The discovery of fire by humans: a long and convoluted process[J]. Philosophical Transactions of the Royal Society B: Biological Sciences, 2016, 371: 20150164.

[98] 西藏在线."久瓦"西藏的牛粪历史 – 高原民俗 [EB/OL]. [2022-02-10]. http://tibetol.cn/html/2016/gyms_0202/23109.html.

[99] International Renewable Energy Agency. Recycle: bioenergy[R]. Abu Dhabi: IRENA, 2020.

[100] International Energy Agency. World energy outlook 2021[R]. Paris: IEA, 2021.

[101] International Renewable Energy Agency. Innovation outlook: Ocean energy technologies[R]. Abu Dhabi: IRENA, 2020.

[102] International Renewable Energy Agency. Offshore Renewables: An action agenda for deployment[R]. Abu Dhabi: IRENA, 2021.

[103] DE LALEU V. La Rance tidal power plant: 40-years operation feedback – lessons learnt[EB/OL]. (2009-10-14)[2022-04-27]. https://tethys.pnnl.gov/sites/default/files/publications/La_Rance_Tidal_Power_Plant_40_year_

operation_feedback.pdf.

[104] Tethys. Tidal[EB/OL]. [2022-01-27]. https://tethys.pnnl.gov/technology/tidal.

[105] 王震，鲍春莉. 中国海洋能源发展报告 2021[M]. 北京：石油工业出版社，2021.

[106] SIMEC Atlantis Energy. MeyGen - Tidal Projects[EB/OL]. (2022-10-01)[2023-01-27]. https://saerenewables.com/tidal-stream/meygen/.

[107] VERA D, BACCIOLI A, JURADO F, et al. Modeling and optimization of an ocean thermal energy conversion system for remote islands electrification[J]. Renewable Energy, 2020, 162:1399–1414.

[108] 虞源，吴青芸，陈忠仁. 压力延迟渗透膜技术 [J]. 化学进展，2015，27(12): 1822–1832.

[109] International Renewable Energy Agency. Fostering a blue economy, offshore renewable energy[R]. Abu Dhabi: IRENA, 2020.

[110] Bloomberg New Energy Finance. New energy outlook 2020[R]. BNEF, 2020.

[111] WISER R, RAND J, SEEL J, et al. Expert elicitation survey predicts 37% to 49% declines in wind energy costs by 2050[J]. Nature Energy, 2021, 6(5):555–565.

[112] British Petroleum. bp Statistical Review of World Energy 2021 | 70th edition[R]. London: bp 2021.

[113] US Energy Information Administration. Oil and petroleum products explained - Use of oil[EB/OL]. (2022-07-01)[2022-09-20]. https://www.eia.gov/energyexplained/oil-and-petroleum-products/use-of-oil.php.

[114] INGRAM A. Thomas Edison's 1912 electric car gets a chance to shine[EB/OL]. (2010-09-27)[2022-05-09]. https://www.greencarreports.com/news/1049744_thomas-edisons-1912-electric-car-gets-a-chance-to-shine.

[115] US Department of Energy. The history of the electric car 2014[EB/OL]. (2014-09-15)[2022-02-11]. https://www.energy.gov/articles/history-electric-car.

[116] BNEF. Battery pack prices fall to an average of $132/kWh, but rising commodity prices start to bite 2021[EB/OL]. (2021-11-30)[2022-05-10].

https://about.bnef.com/blog/battery-pack-prices-fall-to-an-average-of-132-kwh-but-rising-commodity-prices-start-to-bite/.

[117] CleanTechnica. Bloomberg NEF: lithium-ion battery cell densities have almost tripled since 2010[EB/OL]. (2022-02-19)[2022-05-10]. https://cleantechnica.com/2020/02/19/bloombergnef-lithium-ion-battery-cell-densities-have-almost-tripled-since-2010/.

[118] National Renewable Energy Laboratory. Transportation basics[EB/OL]. [2022-05]. https://www.nrel.gov/research/transportation.html.

[119] IEA. Electric car sales share in the Net Zero Scenario, 2000-2030[EB/OL]. [2022-05-11]. https://www.iea.org/reports/electric-vehicles.

[120] IEA. Global EV data explorer 2021[EB/OL]. (2022-05-23)[2022-6-11] https://www.iea.org/articles/global-ev-data-explorer.

[121] 中国能源研究会储能专委会，中关村储能产业技术联盟. 2022 储能产业研究白皮书 (摘要版)[R]. 北京: CNESA, 2022.

[122] International Energy Agency. Energy technology perspectives 2020: Special report on carbon capture utilisation and storage[R]. Pairs: IEA, 2020.

[123] 赵志强，张贺，焦畅，等. 全球 CCUS 技术和应用现状分析 [J]. 现代化工，2021，41(4): 5–10.

[124] 张杰，郭伟，张博，等. 空气中直接捕集 CO_2 技术研究进展 [J]. 洁净煤技术，2021，27(2): 57–68.

[125] 刘飞，关键，祁志福，等. 燃煤电厂碳捕集、利用与封存技术路线选择 [J]. 华中科技大学学报 (自然科学版)，2022，50(7): 1–13.

[126] Global CCS Institute. Global Status of CCS 2020[R]. Melbourne: Global CCS Institute 2020.

[127] Wood Mackenzie. Majors' CCUS benchmarking: can carbon capture help big oil reach its net zero targets? [R]. Wood Mackenzie, 2021.

[128] Equinor. Northern lights project concept report(RE-PM673-00001)[R]. 2019. https://norlights.com/wp-content/uploads/2021/03/Northern-Lights-Project-Concept-report.pdf.

[129] 蔡博峰，李琦，张贤，等. 中国二氧化碳捕集利用与封存 (CCUS) 年度报告

(2021)——中国 CCUS 路径研究 [R]. 生态环境部环境规划院，中国科学院武汉岩土力学研究所，中国 21 世纪议程管理中心，2021.

[130] International Energy Agency. Direct air capture: a key technology for net zero[R]. Paris: IEA, 2022.

[131] KEITH D W, HOLMES G, ANGELO D S. A process for capturing CO_2 from the atmosphere[J]. Joule, 2018, 2(8):1573–1594.

[132] NASA. Ask an astrophysicist[EB/OL]. [2021-11-30]. https://imagine.gsfc.nasa.gov/ask_astro/stars.html#961112a.

[133] OLAH G A, GOEPPERT A, PRAKASH G K S. Beyond oil and gas: the methanol economy[M]. Second updated and enlarged edition. Weinheim: WILEY-VCH Verlag GmbH & Co. KGaA, 2009.

[134] SMOLINKA T, BERGMANN H, GARCHE J, et al. Chapter 4 - The history of water electrolysis from its beginnings to the present[M]// Smolinka T, Garche J. Electrochemical power sources: fundamentals, systems, and applications: hydrogen production by water electrolysis. London: Academic Press, 2022.

[135] SØRENSEN B, SPAZZAFUMO G. Hydrogen and fuel cells: emerging technologies and applications[M]. Third Edition. London: Academic Press, 2018.

[136] APPLEBY A J. From Sir William grove to today: fuel cells and the future[J]. Journal of Power Sources, 1990, 29:3–11.

[137] Big Chemical Encyclopedia. Mittasch, methanol[EB/OL]. [2022-10-05]. https://chempedia.info/info/mittasch_methanol/.

[138] LARRAZ R. A Brief History of Oil Refining Rafael[J]. Substantia, 2021, 5(2):129–152.

[139] BHAVNAGRI K, HENBEST S, IZADI-NAJAFABADI A, et al. Hydrogen economy outlook: will hydrogen be the molecule to power a clean economy[R]. BNEF, 2020.

[140] 何颖源，陈永翀，刘勇，等. 储能的度电成本和里程成本分析 [J]. 电工电能新技术，2019, 38(9): 1689–1699.

[141] ELBERRY A M, THAKUR J, SANTASALO-AARNIO A, et al. Large-scale

compressed hydrogen storage as part of renewable electricity storage systems[J]. International Journal of Hydrogen Energy, 2021, 46(29): 15671–15690.

[142] 国家发展和改革委员会 . 关于核定 2020～2022 年省级电网输配电价的通知 (发改价格规〔2020〕1508 号)[EB/OL]. (2020-09-28)[2021-05-29]. https:// www.ndrc.gov.cn/xxgk/zcfb/ghxwj/202009/t20200930_1243682.html.

[143] Hydrogen Council. Path to hydrogen competitiveness: a cost perspective[R]. Hydrogen Council, 2020.

[144] 伊维经济研究院 . 中国氢气存储与运输产业发展研究报告 (2019)[R]. 伊维经济研究院，2019.

[145] International Renewable Energy Agency. The geopolitics of energy transformation: The hydrogen factor[R]. Abu Dhabi: IRENA, 2022.

[146] CASHDOLLAR K, ZLOCHOWER I. Flammability of methane, propane, and hydrogen gases[J]. Journal of Loss Prevention in the Process Industries, 2000,13(5):327–340.

[147] DAGDOUGUI H, SACILE R, BERSANI C, et al. Chapter 7 - Hydrogen logistics: safety and risks issues[M]// Dagdougui H, Sacile R, et al. Hydrogen infrastructure for energy applications. Academic Press, 2018.

[148] ROBINSON C, SMITH D B. The auto-ignition temperature of methane[J]. Journal of Hazard Mater, 1984,8(3): 199–203.

[149] BABRAUSKAS V. Ignition handbook: Principles and applications to fire safety engineering, fire investigation, risk management and forensic science[M]. Issaquah: Fire Science Publishers, 2003.

[150] HEINZ H. Electrostatic hazards: their evaluation and control[M]. Weinheim and New York: Verlag Chemie, 1976.

[151] 曹湘洪，魏志强 . 氢能利用安全技术研究与标准体系建设思考 [J]. 中国工程科学，2020，22(5)：145–151.

[152] ADOLF J, BALZER, LOUIS J, et al. The Shell Hydrogen Study: Energy of the Future? Sustainable Mobility through Fuel Cells and H_2[R]. Hamburg: Shell Deutschland Oil GmbH, 2017.

[153] BIDAULT F, MIDDLETON P H. 4.07 - Alkaline fuel cells: Theory and

application[M]// SAYIGH A. Comprehensive renewable energy. Elsevier, 2012.

[154] Hydrogen and Fuel Cell Technologies Office. Types of Fuel Cells[EB/OL]. [2022-05-30]. https://www.energy.gov/eere/fuelcells/types-fuel-cells.

[155] SUDHAKAR Y N, SELVAKUMAR M, BHAT D K. Chapter 5 - Biopolymer electrolytes for fuel cell applications[M]// SUDHAKAR Y N, SELVAKUMAR M, BHAT D K. Biopolymer electrolytes: Fundamentals and applications in energy storage. Elsevier, 2018.

[156] RATHORE S S, BISWAS S, FINI D, et al. Direct ammonia solid-oxide fuel cells: a review of progress and prospects[J]. International Journal of Hydrogen Energy, 2021, 46(71): 35365–35384.

[157] LEE W Y, HANNA J, GHONIEM A F. On the predictions of carbon deposition on the nickel anode of a SOFC and its impact on open-circuit conditions[J]. Journal of Electrochemical Society, 2013, 160(2): F94–F105.

[158] 马鸿凯. 燃料电池的前世今生 [R]. 北京: 北汽产投研究部, 2019.

[159] 张永伟, 张真, 苗乃乾, 等. 中国氢能产业发展报告 2020[R]. 中国电动汽车百人会, 2020.

[160] Challenge Zero. Residential Fuel Cell ENE-FARM[EB/OL]. [2022-03-03]. https://www.challenge-zero.jp/en/casestudy/469.

[161] Enefarm Partners. エネファーム パートナーズ [EB/OL]. [2022-03-03]. https://www.gas.or.jp/user/comfortable-life/enefarm-partners/.

[162] Japan LP Gas Association. Appliances[EB/OL]. [2022-03-03]. https://www.j-lpgas.gr.jp/en/appliances/index.html#ENE-FARM.

[163] Japanese Ministry of Economy Trade and Industry. The strategic road map for hydrogen and fuel cells[R]. Japanese METI, 2019.

[164] Bloom Energy. Hydrogen fuel cell solutions[EB/OL]. [20222-03-04]. https://www.bloomenergy.com/applications/hydrogen-fuel-cells/.

[165] 钟财富. 国内外分布式燃料电池发电应用现状及前景分析 [J]. 中国能源 2021, 43(2): 34–37.

[166] GIGLIO A. Recent sustainability developments in the iron and steel industry[EB/OL]. [2022-08-20]. https://www.steel.org.au/ASI/media/

Australian-Steel-Institute/PDFs/Pages-from-steel-Australia-Autumn-2021pages28-29.pdf.

[167] Thyssen Krupp. bp and thyssenkrupp Steel work together to advance the decarbonisation of steel production [EB/OL].(2022-07-11)[2023-02-06]. https://www.thyssenkrupp.com/de/newsroom/pressemeldungen/pressedetailseite/bp-and-thyssenkrupp-steel-work-together-to-advance-the-decarbonisation-of-steel-production-134957.

[168] RUNYON J. Hydrogen power generation-challenges and prospects for 100% hydrogen gas turbines[EB/OL]. (2020-05-20)[2022-07-26]. moz-extension://ddaeddd3-ae71-4ff9-977f-175311dcf92c/enhanced-reader.html?openApp&pdf=https%3A%2F%2Fukccsrc.ac.uk%2Fwp-content%2Fuploads%2F2020%2F05%2FJon-Runyon-CCS-and-Hydrogen.pdf.

[169] Mitsubishi Power. Hydrogen power generation handbook[R]. Yokohama: Mitsubishi Heavy Industries, 2021.

[170] MOORE J, SHABANI B. A critical study of stationary energy storage policies in Australia in an international context: The role of hydrogen and battery technologies[J]. Energies, 2016, 9(674): 1-28.

[171] HERMESMANN M, GRÜBEL K, SCHEROTZKI L, et al. Promising pathways: The geographic and energetic potential of power-to-x technologies based on regeneratively obtained hydrogen[J]. Renewable and Sustainable Energy Reviews, 2021, 138: 110644.

[172] 中国氢能联盟 . 中国氢能及燃料电池产业手册 (2020 版)[R]. 北京：中国氢能联盟，2021.

[173] 米树华，余卓平，张文建，等 . 中国氢能源及燃料电池产业白皮书 (2019)[R]. 北京：中国氢能联盟，2019.

[174] IEA. Hydrogen 2021[EB/OL]. [2022-03-29]. https://www.iea.org/reports/hydrogen.

[175] sbh4 Consulting. SMR, ATR and POX processes for syngas production 2021[EB/OL]. [2022-05-28]. http://sbh4.de/assets/smr-atr-and-pox-processes.pdf.

[176] 王璐，金之钧，黄晓伟 . 氢气的制取与固体储集研究进展 [J]. 天然气工业，

2021, 41(4): 124–136.

[177] University of Kentucky. Chemicals from coal gasification, kentucky geological survey[EB/OL]. [2022-05-14]. https://www.uky.edu/KGS/coal/coal-for-chemical-gasification.php.

[178] MUKHERJEE S, DEVAGUPTAPU S V, SVIRIPA A, et al. Low-temperature ammonia decomposition catalysts for hydrogen generation[J]. Applied Catalysis B: Environmental, 2018, 226:162–181.

[179] DINCER I, BICER Y. 3.2 Ammonia production[M]// DINCER I. Comprehensive energy systems. Elsevier, 2018.

[180] Chemistry LibreTexts. 20.8: Industrial electrolysis processes [EB/OL]. (2020-08-21) [2022-12-14]. https://chem.libretexts.org/Bookshelves/General_Chemistry/Map%3A_General_Chemistry_(Petrucci_et_al.)/20%3A_Electrochemistry/20.8%3A_Industrial_Electrolysis_Processes.

[181] 张峰，梁玉龙，温鬻，等 . 乙烷裂解制乙烯的工艺研究进展 [J] . 现代化工，2020，5：47–51.

[182] 雷超，李韬 . 碳中和背景下氢能利用关键技术及发展现状 [J] . 发电技术，2021，42(2)：207–217.

[183] International Renewable Agency. Green hydrogen cost reduction: Scaling up electrolysers to meet the 1.5℃ climate goal[R]. Abu Dhabi: IRENA, 2020.

[184] 俞红梅，邵志刚，侯明等 . 电解水制氢技术研究进展与发展建议 [J] . 中国工程科学，2021，23(2)：146–152.

[185] SUN X, CHEN M, LIU Y-L, et al. Life time performance characterization of solid oxide electrolysis cells for hydrogen production[J]. ECS Transactions, 2015, 68(1): 3359–3368.

[186] FALCÃO D S, PINTO A M F R. A review on PEM electrolyzer modelling: guidelines for beginners[J]. Journal of Cleaner Production, 2020, 261: 121184.

[187] SCHMIDT O, GAMBHIR A, STAFFELL I, et al. Future cost and performance of water electrolysis: An expert elicitation study[J]. International Journal of Hydrogen Energy, 2017, 42(52): 30470–30492.

[188] GUO S, LI X, LI J, et al. Boosting photocatalytic hydrogen production

from water by photothermally induced biphase systems[J]. Nature Communications, 2021, 12: 1343.

[189] DELGADO M S. SUN2HY Project: From sunlight to green hydrogen[EB/OL]. [2022-09-07]. https://www.nedo.go.jp/content/100939726.pdf.

[190] NISHIYAMA H, YAMADA T, NAKABAYASHI M, et al. Photocatalytic solar hydrogen production from water on a 100-m2 scale[J]. Nature, 2021, 598: 304–307.

[191] 李星国. 氢气制备和储运的状况与发展 [J]. 科学通报, 2022, 67: 425–436.

[192] ZHANG J, LI Z, WU Y, et al. Recent advances on the thermal destabilization of Mg-based hydrogen storage materials[J]. RSC Advances, 2019, 9: 408–428.

[193] ANDERSSON J, GRÖNKVIST S. Large-scale storage of hydrogen[J]. International Journal of Hydrogen Energy, 2019, 44: 11901–11919.

[194] 李建, 张立新, 李瑞懿, 等. 高压储氢容器研究进展 [J]. 储能科学与技术, 2021, 5: 1836–1844.

[195] MORADI R, GROTH KM. Hydrogen storage and delivery: Review of the state of the art technologies and risk and reliability analysis[J]. International Journal of Hydrogen Energy, 2019, 44: 12254–69.

[196] 曹军文, 覃祥富, 耿嘎, 等. 氢气储运技术的发展现状与展望 [J]. 石油学报 (石油加工), 2021, 6: 1461–1478.

[197] 周超, 王辉, 欧阳柳章, 等. 高压复合储氢罐用储氢材料的研究进展 [J]. 材料导报, 2019, 33: 117–126.

[198] HUANG Y, CHENG Y, ZHANG J. A review of high density solid hydrogen storage materials by pyrolysis for promising mobile applications[J]. Industrial and Engineering Chemistry Research, 2021, 60: 2737–2771.

[199] 黄宣旭, 练继建, 沈威, 等. 中国规模化氢能供应链的经济性分析 [J]. 南方能源建设, 2020, 7(2): 1–13.

[200] 白光乾, 王秋岩, 邓海全, 等. 氢环境下 X52 管线钢的抗氢性能 [J]. 材料导报, 2020, 34(22): 22130–22135.

[201] 柴飞, 李洁, 陈霈佳, 等. 焦炉煤气混氢气对管道管材的影响分析 [J]. 煤气与热力, 2013, 33(5): 33–35.

碳中和与氢能社会

[202] 陈东生，杨卫涛，孙云龙. 天然气管道掺混输送氢气适应性研究进展 [J]. 煤气与热力，2021，41(4)：38–42.

[203] 黄明，吴勇，文习之，等. 利用天然气管道掺混输送氢气的可行性分析 [J]. 煤气与热力，2013，33(4)：39–42.

[204] H2Stations. Another record number of newly opened hydrogen refuelling stations in 2021[EB/OL]. (2022-02-01)[2022-05-16]. https://www.h2stations. org/wp-content/uploads/2022-02-01-LBST-HRS-2021-en.pdf.

[205] IEA. Fuel cell electric vehicle stock by region, 2017-2020[EB/OL]. (2022-10-26)[2022-12-18]. https://www.iea.org/data-and-statistics/charts/fuel-cell-electric-vehicle-stock-by-region-2017-2020.

[206] ZHOU Y. Hydrogen from offshore wind: Part I primer[R]. BNEF, 2021.

[207] Scottish Government. Scottish offshore wind to green hydrogen opportunity assessment[R]. Edinburgh: The Scottish Government, 2020.

[208] Zhou Y. Hydrogen from offshore wind: Economics[R]. BNEF, 2021.

[209] 孙颖，张岑. 海洋可再生能源开发利用模式及海洋石油公司转型策略研究 [J]. 油气与新能源，2022，34(5)：61–67.

[210] Danish Energy Agency. Denmark's energy islands[EB/OL]. [2022-01-17]. https://ens.dk/en/our-responsibilities/wind-power/energy-islands/denmarks-energy-islands.

[211] European Commission. A hydrogen strategy for a climate-neutral Europe[R]. Brussels: The European Commission, 2020.

[212] German Federal Government. The national hydrogen strategy[R]. Berlin: Federal Ministry for Economic Affairs and Energy Public Relations Division, 2020.

[213] HM Government. UK hydrogen strategy[R]. The Secretary of State For Business, Energy & Industrial Strategy, 2021.

[214] 中国国际经济交流中心课题组. 中国氢能产业政策研究 [M]. 北京：社会科学文献出版社，2020.

[215] U.S. Department of Energy. DOE national clean hydrogen strategy and roadmap (draft) [R]. U.S. Department of Energy, 2022.

[216] 万燕鸣，熊亚林，王雪颖. 全球主要国家氢能发展战略分析 [J]. 储能科学与技

术，2022，11(10)：3401–3410.

[217] 国家统计局 . 国家数据 [EB/OL] . [2023-03-28]. https://data.stats.gov.cn/
easyquery.htm?cn=C01.

[218] 国家能源局石油天然气司，国务院发展研究中心资源与环境政策研究所，自
然资源部油气资源战略研究中心 . 中国天然气发展报告 (2022)[M] . 北京：石
油工业出版社，2022.